假如你跳进一个黑洞里

AND THEN YOU ARE DEAD

［美］ 科迪·卡西迪（Cody Cassidy）著
保罗·多赫蒂（Paul Doherty）

王思明 译

湖南科学技术出版社　博集天卷
CTS　CS-BOOKY

致敬一位传播科学的使者：

保罗·多赫蒂（1948—2017）是一位杰出的物理学家，也是探索博物馆教师学院的一位受人爱戴的人物；是无数教育家的导师、科学传播的先驱者，也是与他风雨同舟 42 年的妻子挚爱的伴侣。他是《探索之书》（*Explorabook*）的著者之一，这本书卖出了 100 多万册。他还著有很多其他的作品，我们敢打赌没有其他科学家能像他这样深受年轻读者的喜爱。保罗对科学的热情让他周游世界——从印度到南极洲。他无论是在翻越高山、重现火星"雪花"的形状时，还是在演示如何利用静电使金属箔漂浮起来时，都有一种将科学探究与快乐融合在一起的本领。保罗从不害怕承认他没有答案，或者对读者说出："让我们一起找出答案吧！"

目录
Contents

前言 / 001

科迪：
献给妈妈和爸爸

保罗：
献给保罗 · 蒂普勒教授
他让我明白，当科学变得有趣、有意义、好玩和
严谨时，学生才会更愿意去学习

前言
Introduction

摸着良心说，当你阅读一则讣告时，有时你是不是会直接跳到结尾处，寻找逝者的死亡原因，然后却失望地发现文中要么没有给出解释，要么说得很含糊——"因意外而过世"？这个可怜的家伙是在冰水里游泳时冻死的吗？他是被流星砸死了，还是被鲸鱼吞下去了？有时，人们不会告诉你原因。

而当他们愿意说的时候，比方说讣告上写了一点吸引人的细节——"被一块巨大的磁铁意外杀死"，却很快地转了个弯，开始描述亲戚的悲痛，而你还在思考一块磁铁究竟有没有杀死人的能力。他们根本就没有说出最吸引人的那部分！

我们理解你的沮丧，所以我们现在来解决这个问题。我们讲出了那些讣告——甚至是最详尽的讣告——都没有解释清楚的事情。

我们会告诉你，当你只穿着短裤和 T 恤就跳进太空时会发生什么；

我们解释了为什么波音公司不让你在乘坐 747 飞机时打开窗户；我们还探讨了当你在海洋最深处游泳时会发生什么……我们从科学的角度说出了可怕的细节，你得保证你的胃能经得起这种折腾哦。

换言之，本书就是斯蒂芬·金遇到了斯蒂芬·霍金。

好处是，通过这些恶心人的细节，你可能会不小心学到一些科学知识和一些药理知识，知道在鲨鱼开始围着你转时应该怎么做：鼓励它吃掉一整条腿，而不是一大块肉。

我们是怎么知道这些的呢？

我们从那些铤而走险（或者说不走运）的人的经验（或者尸检）里弄清楚了当你从尼亚加拉瀑布上掉下去时会发生什么，当你把手伸进粒子加速器时或是被蜜蜂蜇了睾丸时又会发生什么。

但有些情况是没有第一手资料的。因为到目前为止，还没有人跳进过黑洞里，在世界最冷的浴缸里洗过澡或是挖个洞一直挖到中国。

要得到这些问题的答案，我们使用了军事研究成果（感谢 20 世纪 50 年代的美国空军，他们做了大量危险的活体实验）、医学记录、天体物理学家的假设，还有那些对香蕉皮的顺滑程度感到好奇的教授的研究报告。

有时候，我们的答案已经来到了人类知识的极限处。如果本书写作于 20 年前，我们肯定会说，至少在这个宇宙里，你是不会被一块厨房里的巨大磁铁弄死的。幸运的是，本书是现在写成的，而你绝对可以被一块磁铁弄死，死亡过程相当华丽壮烈。

　　因为我们在研究那些可怕的死亡原因时，经常会接触到前沿科学，所以我们也会据此来进行推测——都是些基于科学的、相当准确、靠谱的推测。但是嘛，推测始终都只是推测。

　　这也就意味着，如果你去尝试这些假设中的某一个，比如说，你从太空空间站跳了出来，你一头扎进了一个黑洞里，或者你跳进一座火山里，而你的经历跟我们描述的有些出入，最糟糕的情况是，你连死都没死成，那么我们在此诚挚地道歉。

　　给我们写一封信描述描述吧，我们会在本书的第二版里修正一下的。

假如你跳进
一个黑洞里

If

You

Jumped

into

a

Black

Hole

你坐在飞机上，窗户飞了出去

和大多数搭乘现代飞机旅行的人一样，你可能也花了不少时间盯着窗外那些可爱的云朵看，欣赏日落和美丽的景色。而且，像大多数人一样，你恐怕也思考过：如果窗户突然飞出去会发生什么？

答案取决于你所在的高度。你如果刚上飞机没多久，仍然在 20000英尺[1]以下，那么你可能没什么事。在这种高度下，你仍然可以呼吸上半小时空气，然后才会昏过去，而且压差没有那么大，不够把你吸出去。肯定会有些冷，但只要你还穿着 T 恤衫，问题就不大。

可能会有些吵。风呼呼地从窗户处吹进来，把这架飞机变成了世界上最大的风笛，所以这时想叫空姐过来恐怕是不太可能了。总之，情况还好，比在 35000 英尺的高度时窗户飞出去的情况要好得多。

由于人们需要呼吸，飞机机舱里的空气在 7000 英尺处会增压。如果你已经飞到了 35000 英尺处，然后窗户飞掉了，飞机会迅速降压，这会导致一系列问题。

你注意到的第一件事是，你身体的所有孔口里的气体都被吸出去了。而且因为那些气体都是潮湿的，所以它们会凝结，以雾气的形式被吸出去。每个人都会这样，所以整架飞机里都飘着人们身体内的气体冒出来时凝结成的浓雾。好恶心啊。

幸运的是，几秒之内雾气就会散去，因为飞机内的空气会从开着的窗户被吸出去。不幸的是，这个窗户不是别人身边的，而是你身边的，那么麻烦来了。

如果你坐在过道边上，也就是距那个飞出去的窗户两个座位的地方，风会以飓风的速度，从外部往那个窗户的方向吹，但是如果你系着安全带的话也没事，吹不跑你。不幸的是，如果你正巧坐在窗户边上，那里的风速是每小时 300 英里[2]，足够把系着安全带的你从座位上拽起来了。(这就是坐在窗户边上而不是过道边上的缺点之一了。[3])

那个坐在过道边上的朋友会获救的另一个原因是：飞机上的窗户，要比人的双肩宽度小。哈佛大学对人体的研究表明，美国人的肩膀，平均有 18 英寸[4]宽，而波音 747 飞机的窗户只有 15.3 英寸高——所以你不会被吸出飞机，只会被吸到窗户处[5]。这对飞机上的每个人来说都是好事。第一是你不会从飞机上掉下去，而对其他人来说，你的身体就变成了一个能将就着用的塞子。这会减缓空气从飞机里往外流失的速度，这样人们就有时间戴上他们的氧气面罩了。

而你的麻烦刚刚开始。

在你身处的这个新环境里，你可能会注意到的第一个变化来自风。风以每小时几百英里的速度拉扯着你，让你的身体呈 J 形被挤到机舱壁上[6]。

你注意到的第二个变化是寒冷的气温。35000 英尺高，那里的温度是零下 65 华氏度（注：约为零下 54 摄氏度）。温度这么低，你的鼻子在几秒内就会冻伤。

你可能没注意到第三个问题，但是这个问题才是致命的。除了温度骤降之外，气压的变化更加剧烈。在 35000 英尺的高空，空气非常稀薄，你每吸一口气，都得不到足够的氧气来维持生存，只不过你注意不到你在慢慢窒息。你的身体监测不到氧气太少这个情况，唯一能够让你感觉呼吸不畅的是你血液里过多的二氧化碳。于是你会假装没事一样继续呼吸，但是问题其实很严重。你只剩下不到 15 秒的清醒时间了，然后你会昏过去——4 分钟以后你就会脑死亡。

飞机里的人也一样。窗户飞掉以后，他们只有 15 秒的时间用来戴上氧气面罩，动作慢一些就会昏过去，如果你的身体将窗户堵得足够严实，那么时间可能比 15 秒要长一点点——但是延长的时间不会超过 8 秒，因为再过 8 秒，他们的大脑就会因为太缺氧气而变得混乱，无法使他们戴上氧气面罩了[7]。

让我们来回顾一下：此时，你的身体大部分在飞机内，有一部分暴露在飞机外，你的面部会挤在飞机机舱壁上，你被冻伤了，而且你就快意识不清。但是令你感到意外的是，你还没有死，如果飞行员反应迅速，在 4 分钟内将飞机降到 20000 英尺以下，你可能会生存下来。我们之所以知道，是因为这种情况发生过。

机长蒂姆·兰开斯特曾于 1990 年驾驶一架英国航空公司的飞机，当他飞到 20000 英尺的高度时，飞机的其中一面风挡玻璃脱落了。风马上把绑着安全带的他从座椅上拔了起来，往窗外拉去。飞行员舱内的所有东西都飞了出去，舱门也被吸掉了，压住了控制杆，飞机急剧下降。当时正巧在飞行员舱的空中乘务员奈杰尔·奥格登，抓住了正被吸出去的机长，在随后的《悉尼先驱晨报》的采访里，他这样说道：

"飞机里的所有东西都正被吸出去，甚至连一个氧气瓶也不例外。那氧气瓶飞起来，差点儿砸掉我的脑袋。我用尽全力抓住他，但是我感到自己也要被吸出去了。约翰从我身后冲了过来，看到我已经快被完全吸出去了，于是抓住了我的腰带，让我不要滑得更远，然后把机长的肩带挂在我身上。

"我觉得我快抓不住机长了，但幸好他的身体最终停止了滑动，弯曲成 U 形被挤在了飞机上。他的脸紧贴着窗户，鼻子流着血，双臂在胡乱舞动。"

风挡玻璃脱落约 20 分钟后，副机长成功使飞机着陆，在这个过程里，机长一直在窗户的另外一面盯着他看。

当消防员把机长从这个尴尬的位置弄下来之后，大伙儿才发现机长其实只受了冻伤，还有几处骨折。

因为你旁边飞掉的那扇窗户更小，所以你可能不需要依赖其他乘客的大力协助——只要你的飞行员行动迅速，你就可以享受一段不那么舒服的下降旅程，途中还可以欣赏一下美景。

〰〰〰〰〰〰〰〰〰〰〰〰〰〰〰〰〰〰〰〰〰〰〰〰〰

【1】英美制长度单位，1 英尺等于 12 英寸，约为 0.3048 米。

【2】英美制长度单位，1 英里等于 5280 英尺，约为 1.6093 公里。

【3】为什么几英尺的差距会有这么大的区别？你可以这么理解：当你把浴缸里的水放掉的时候，塞子越接近出水口，它承受的水的拉力就越大。当我们谈到飞机的窗户时也是如此，而你就相当于那个塞子。

【4】英美制长度单位，1 英寸为 1 英尺的 1/12。

【5】这里就是现实生活跟 007 电影《金手指》不同的地方了。现实中的人，不可能被吸出窗户，他只会把窗户堵住。

【6】你不会紧贴着机舱壁，而是不断地碰撞它，这跟一面旗帜会在风里摇摆，而不是静止不动的道理是一样的。即使风是持续的，没有变动，旗帜也会处于一种不断变化和适应的状态。而你的改变和适应，就是你的面部会不停地撞击机舱壁。

【7】这种情况曾经发生在职业高尔夫球运动员佩恩·斯图尔特的私人飞机上。他的飞机在 30000 英尺的高空减压，而飞行员没能及时戴上面罩。因为在减压时飞机处于自动飞行状态，所以它继续飞行了约 1500 英里，直到耗尽了燃料，坠毁在南达科他州。

你遭到一头
大白鲨的攻击

像所有的捕食性动物一样，鲨鱼喜欢恃强凌弱。就算是在冬天，公平的战斗也意味着可能会受伤，而受伤意味着攻击性变弱和挨饿。所以捕猎者喜欢在冒最低风险的情况下凶猛进攻，于是你成了完美的猎物：你动作迟缓、身体孱弱，并且在水下没那么警觉。幸运的是，你的肉味道不怎么样。你就像是海洋里的松鼠一样，身上骨头太多，脂肪不足。然而鲨鱼都是好奇心很强的动物，所以它们也会攻击人类——通常攻击人类的都是一些体形比较小的、没那么危险的鲨鱼。

但情况不总是这样，大型鲨鱼也会攻击人类。大白鲨可以长到 20 英尺长，以至于哪怕它只是试探性地轻咬一口，也会产生严重的伤害。但是为什么它们会对你感兴趣呢？为什么鲨鱼会咬人？

可能并不是因为肚子饿。研究者将遭到鲨鱼攻击的受害者的残骸收集在一起，然后发现并没有缺少任何一块肉。当大白鲨咬人类时，它们就像玩盘子里的豆子的小孩，不会吃掉哪怕一颗豆子。对鲨鱼来说，我们的肉尝起来肯定不美味，老实说，这挺让人伤心的。

所以如果我们并不好吃，它们为什么还要攻击我们？一种流行的解释是，鲨鱼弄错了我们的身份。这种理论认为，鲨鱼把人类游泳者错当成了普通的海豹，于是上前咬了一口，然后在发现弄错了时，又把人类的肉吐了出来，就像我们吃饭时发现菜里的糖被错放成了盐一样。从一头鲨鱼的视角来看，一个冲浪者和一只海豹有着视觉上的相似之处，但是这解释不了为什么鲨鱼攻击游泳者的方式和攻击海豹的不一样。

研究者把假人放入水下，然后观察鲨鱼接近它们的方式。鲨鱼攻击海豹时会从下面往上冲，接着猛力突袭，但是它们会围着假人转来转去——先游来游去地观察假人，然后才发动攻击。它们咬假人时，是试探性地轻咬，跟攻击海豹时的猛咬完全不同——这其中的差别，就像你喝一罐新鲜牛奶跟喝一罐快过期的牛奶的差别一样。

到目前为止，有证据显示，大白鲨在攻击时并不迷茫，它们其实是因为好奇。鲨鱼可以通过觉察水压的微小变化来感受周围生物的活动，而游泳者在动，尤其是当他们看到鲨鱼的鱼鳍时，会有更加猛烈的动作。这一动作可以激起一头大白鲨的好奇心，而鲨鱼似乎奉行"只要怀疑就去攻击"这一原则[1]。

这其实也是很多捕食性动物的通常做法——如果你养了一只猫，那你可能已经观察到了这种通过啃咬来探索世界的行为方式。但是鲨鱼的试探性啃咬跟猫的很不一样。目前还没有可靠的测量方式准确地测量出一头大白鲨的咬合力究竟有多强，但是已有部分实验表明，这种咬合力的确非常强。在不止一个案例里，一头大白鲨就像切纸机一样把一个人咬成了两半。

那么让我们假设一下，你在水里玩耍，你没有觉察到你已经引起了一头好奇的大白鲨的注意。

首先，你当然有权惊慌失措。这不是因为你可能很快就会被咬死，而是因为遇上这种事情的可能性非常小。如果你打算去海滩上玩一天，你摔下楼梯，死在往你的车那边走的路上的可能性要比被鲨鱼咬死大10倍。一旦你钻进车里，你更可能会死在开车去海滩的路上。而一旦到了海滩，你又可能会在向海里走的时候被向下塌陷的沙坑活埋而死。就算你避开了那些沙坑，成功进入水里，你也会遇到更大的威胁：淹死。一旦进入水里，你淹死的可能性比被鲨鱼咬死的可能性要大100倍。

但是我们假设你幸运地躲过了所有这些威胁。然后你的运气用光了，一头大白鲨决定要攻击你。

鲨鱼喜欢从下方和后方攻击，所以它们可能会咬你的腿。它们的用餐礼仪也很糟糕：它们不咀嚼。它们通过摇头摆尾、转动身体的方式来撕咬。从受害者的骨头上螺旋形的齿痕来看，鲨鱼喜欢把肉咬下来然后整个吞下去。

好消息是，在70%的攻击里鲨鱼都只咬一口。坏消息是，大白鲨只咬一口就可以轻松地咬下你的一条腿。然而，这对你来说是活命的机会。

　　腿被咬掉的最大危险是这切断了你的大腿动脉。通常，动脉受到损伤比静脉受到损伤要更危险，因为动脉带动的是你的心脏流出来的带着压力的血液，所以一旦被切断，血就会喷涌而出——这跟静脉不一样，静脉被切断，血只会缓慢地淌出来。

　　大腿上的动脉非常重要。它负责你整条腿上的血液循环，而每分钟流经这条动脉的血量占到了你全身血液的 5%。

　　鲨鱼啃咬你的腿的具体方式决定了你能不能生还。人类的身体，无法承受每分钟损失 5% 的血量——这意味着你在 4 分钟内就会死亡——所以你大概会觉得，如果你的大腿动脉被切断，你就会很快死掉。但是情况不总是这样。

　　现在，就在你读到这里的时候，你的大腿动脉感受到了些许压力，它就像一条绷紧的橡皮筋，如果被鲨鱼彻底咬断，它就会缩回你的腿的残余部分里，你的肌肉会封锁它——这可以缓和血液流失，给了你时间去用止血带止血。但是如果你的动脉没有被干净利落地咬断，或者被咬断的角度比较特殊，那么它就无法以有利的方式退回到肌肉里，情况就糟了——你会在 30 秒内昏过去。从这时候起，你会陷入血液循环性休克——这是一种致命的正反馈循环，你的身体组织会因为缺血而坏死、膨胀，然后阻碍身体其他地方的血液循环。

　　如果你的大腿不是被整齐地咬掉的话，那么遭到攻击的 4 分钟后，你会丧失 20% 的血量，你会进入一种危险的状态里。你的心脏需要最低的血压才能继续跳动，而一旦你流失了 20% 的血量，你的血压就会降到这个阈值以下。在这以后，要不了几分钟你就会脑死亡。

所有这些假设，都是建立在你还算幸运、鲨鱼走的是常规路线——从后方进攻的基础上。虽然鲨鱼不太可能从正面进攻，攻击你的头部和躯干，但这种情况无疑要更糟。头被咬掉没法活，是因为，首先，你的大脑在头部；其次，止血带这种东西用在大腿上比用在脖子上要有效得多（要知道更详尽的信息，参见维基百科"断头"https://en.wikipedia.org/wiki/hanging）。

律师提醒：讲真，不要把止血带缠到脖子上。

〰〰〰〰〰〰〰〰〰〰〰〰〰〰〰〰〰〰〰〰〰〰

【1】需要注意的是，我们这里谈到的是大白鲨——大白鲨杀死的人最多，而且它们并不是因为饥饿才这么做。另一种鲨鱼，叫作远洋白鳍鲨，是有意杀死并吃掉人类的。然而，远洋白鳍鲨的攻击（通常攻击的是失事船只的幸存者）不常见，因为它们一般生活在远洋处，距离人类很远，而大白鲨则经常在海滩附近徘徊。

最著名的远洋白鳍鲨攻击人类事件发生在1945年，在日本投降之前，一艘美国军舰"印第安纳波利斯号"在菲律宾附近被鱼雷击沉。约900个人掉进了海里，但是因为沟通不畅，他们直到4天以后才得到救援。远洋白鳍鲨受到这场骚乱的吸引，开始攻击并吃掉水手。到这些幸存者被救起时，鲨鱼已经杀死并吃掉了约150个人。

你踩到了
一块香蕉皮

如果你看到地上有一块香蕉皮，你心里会有多担心？如果动画片里呈现的都是真的，那么答案是，你当然需要担心。动画片可能把香蕉皮的危害展示成了对你的颅骨的损伤，但是其实它并没有夸大香蕉皮的顺滑程度。严谨的科学研究已经证实了，香蕉皮是所有水果皮里最危险的那种。

顺滑程度可以通过把一块需要测量的物质放置在另一种物质做成的斜坡上，然后缓缓地增加斜坡的倾斜程度来测量出。当物体开始往下滑时，斜坡的角度可以给出一个摩擦系数（CoF），而这个系数通常从 0（最滑）开始一直延续到 1（紧贴），在一些格外紧贴的情况里，这个系数甚至会高达 4[1]。水泥人行道上的橡胶，摩擦系数接近 1.04。

然后让我们关注一下另一种情况。在木质地板上踩着袜子滑动，摩擦系数只有 0.23，而在冰上要更滑一些。在溜冰场上行走会带来尴尬的后果，因为冰面上的橡胶的摩擦系数低达令人痛心的 0.15 [2]。

而香蕉皮藐视所有这些数据。

我们知道，这多亏了日本东京都北里大学的一些大胆的教授，他们决定把动画片里看到的东西证实一下。马渊清资博士和他的团队弄了一大堆香蕉皮，把它们扔到木地板上，穿着橡胶鞋踩了上去（希望他们留一个观察员），然后他们测量了数据。

结果发现，动画片里的爱发先生可能没有我们想象的那么笨拙。木地板上的香蕉皮的摩擦系数只有 0.07——是在冰上的 2 倍滑。马渊和他的研究团队并没有就此打住。香蕉皮那么滑，是因为它富含水分吗？其他的水果皮也会这么滑吗？

要弄清楚这一点，他们还弄来了苹果皮和橘子皮，然后做了相同的严谨实验：他们踩了上去。苹果皮排行第二，摩擦系数在 0.1，而橘子皮是目前为止最不滑的，摩擦系数为 0.225（基本上跟直接踩在木地板上的系数是一样的）。

所以，如果你在一家水果加工厂里行走，而可以选择踩在哪种皮上的话，记住这一点——这可不是开玩笑，香蕉皮是最滑的。在压力之下，一块香蕉皮会被挤出凝胶来，这种东西极其滑。你的脚和身体的重量提供了这种压力，凝胶则负责为大伙儿提供笑料。

为什么顺滑程度如此重要？行走其实只是一系列的落脚和前进。你每走一步都会向前落下去，下一步则跟上了自己，周而复始。香蕉皮把这个过程打乱了。如果你只是站在一个顺滑的表面上，你可能会没事，但是如果你向前一步的话，你可能就会摔倒。为了阻止这种情况发生，你前面的那只脚接触地面时的动量走向角是 15 度。如果你知道你正行走在一个很滑的物质上，你就会改变你的步态，来减小这个角度，你想要地面的摩擦变大，以此来减少你摔倒的可能性。但是路上乱扔的香蕉皮可以偷袭到你。而研究表明，在摩擦系数小于 0.1 的物质上正常行走时，90% 的情况下你会摔倒。

当然，摔倒时真正的危险在于损伤你的大脑，这个关键器官距离地面很远。我们人类在 400 万至 600 万年前开始学习直立行走，这是我们物种的一大进步，但是这也导致了滑倒这个问题。如果你只有一只小狗那么高，而你摔倒了，你的头部撞击到地面的时候，速度不够引起任何损伤[3]。你还能在香蕉皮上跳舞呢。因为从距离地面 12 英寸的地方摔下去，撞击到你的头部，跟从距离 6 英尺的地方摔下去，其中的区别就像一块淤青和颅骨破损那么大。

一个成年人不受控制地摔倒在坚硬的东西上所产生的力，足以让颅骨破裂。在可变通的情况下（每个人的头部都不一样），摔到坚硬表面，只需要 3 英尺的距离就可以弄碎你的颅骨。颅骨的前方和后方相对来说比较结实，而两侧很脆弱，但是即使你摔下去撞到的是额骨，6 英尺的距离也足够弄碎它——尤其是如果你向前倾跌的话。

无论是哪种情况，如果你没法在距离头部 6 英尺的地方摔倒时保护好你的头部，你的颅骨就会骨折。在几秒内，骨折很危险，但是真正危险的其实是出血。你的大脑就像一个嗜血者，这意味着弄破它会导致内部大出血，会马上给你带来大麻烦。

颅内出血可比其他地方出血要危险得多。而这不仅仅是因为你可以用绷带治疗腿伤，而没法对颅内出血采取同样的做法，还因为你的颅骨是一个坚固的容器，储藏着脆弱的物品。如果你的头部开始充血，你的大脑就会受到挤压。颅内有太多血液，会给你的大脑的其他部分带来压力，令这些部分窒息，并且阻碍关键的大脑功能，比如说呼吸。

当然了，你的大脑知道自己有多脆弱，而如果你忘记了的话，它会动用其他器官努力阻止你撞击到它——手部、肘部、膝盖——只要撞到的不是它就行了。这就是为什么你会看到更多人只是摔伤了屁股，而不是头部，以及为什么香蕉皮通常很好笑，而不是一种致命的存在。

但是"通常"跟"总是"不一样。而这将我们引到了博比·利奇这里，他是一个挑战尼亚加拉大瀑布的英国莽汉。

从 1901 年起，曾有多人为了出名或者寻找刺激，尝试过跳下尼亚加拉大瀑布（要知道发生了什么，见 57 页）。他们中的大多数人都没能活着回来。（"我宁可站在一门大炮前面，被炮炸死，也不愿意再去尝试了。"第一名幸存者是这么说的。）

但是博比·利奇是一个职业特技表演者，一个马戏团表演者，他的职业就是跟死亡做游戏。1911 年，他爬进了一个铁桶里，然后从瀑布上面掉下去了。他活了下来，尽管他需要住院 6 个月来恢复膝盖和下巴的损伤。

此后，他开始了在世界上巡回演讲的职业生涯，讲述他的铁桶故事，并且四处摆姿势拍照。1926年，他在新西兰奥克兰时，踩到了人行道上的一块无法识别是哪种水果的果皮上，摔断了腿。几天以后，博比·利奇因并发症而死去。

～～～～～～～～～～～～～～～～～～～～～～～～～～～～～～～～～

【1】CoF 大于 1，意味着物体摩擦的角度大于 45 度。我们所发现的 CoF 最高的情况，出现在短程加速赛车的轮胎橡胶上，轮胎旋转时，它在水泥地上的 CoF 可以高达 4（它们可以爬 75 度的斜坡）。

【2】润滑过的表面的摩擦力要更小一些。比如说，你的关节内的润滑液，是世界上最滑的物质之一 —— CoF 只有 0.0003，这是好事，否则的话你的关节就会破裂。

【3】这是虫子能够打败我们的地方。虫类历史上，还没有虫子摔死过。

你被活埋

···➤

　　你可以把两根手指放在你下巴和脖子连接的那个弯曲处的颈动脉上，来测量你的脉搏。你能测到它 1 分钟内大约是 70 下。如果测得的数字小于 26，那么你就得在救护车的车厢里读完这一篇了。

　　如果你什么都感觉不到，那你的手指可能放错了地方，但是即使地方没错，你也不一定就是已经死了。有时候，脉搏很微弱，感觉不出来[1]。这给中世纪时期的医生带来了麻烦，因为那时候要判断一个病人是不是还活着，唯一的方法就是感受脉搏[2]。有时候，人们宣告了昏迷的病人死亡，结果他们后来却在停尸房里醒了过来。没过多久，担惊受怕的人们就开始要求在坟墓上悬一个铃铛，连接一根线到他们的棺材里，来避免被活埋的情况[3]。

　　如今的医生有更多复杂的手段来确定你是不是已经死了（他们会寻找你的心脏和大脑给出的电信号）。但是假设你的内科医生要去预约好的地方用餐，他赶时间，他签了你的死亡证明，抓起外套跳进了一辆出租车里，往餐馆和表演的地方赶去。与此同时，你躺在轮床上，被推往暂时停放的地方，然后又被放在了一辆救护车上，车向停尸房驶去，最后则是你的坟墓。之后会发生什么？

　　一旦你被放进一口密封的棺材里，你会开始消耗里面的氧气。一口标准的棺材里有900升的空气，你的身体占了80升，所以你还有820升的空气可以使用。每呼吸一次，你的肺部消耗0.5升的空气，但是每次你只能用掉里面的20%的氧气，这意味着同样的一点空气，你可以呼吸好几次，才会彻底耗尽它。

　　当然了，还没能等到耗尽氧气呢，你的麻烦就来了。空气里的氧气占21%，在低于这个点之前你都没事。一旦你开始把氧气用光，你就会陷入麻烦。呼吸氧气含量只有12%的空气，你会头痛、昏眩、恶心，并且感到迷茫，因为你的大脑细胞开始挨饿了。

　　你的棺材里有足够的氧气，可以让你撑上大约6小时——前提是你保持镇定——然后才窒息。你会觉得，如果你屏住呼吸的话，你能撑更久，但是其实这只会加速你的耗氧量，因为你的身体会通过猛烈呼吸来过度补偿二氧化碳。所以缓慢、适度的呼吸才是"王道"。

　　一旦氧气低至10%，你就会马上失去意识，并陷入昏迷[4]。氧气低至6%～8%时，会发生猝死。

　　但是还有一些有趣且复杂的东西我们没讨论到。还有个能够杀死你的东西。你呼吸时，会把棺材里的氧气置换成二氧化碳[5]。这是个麻烦。

你呼吸到的过多的二氧化碳会混进你的血液里，限制血液运载提供给你的组织的氧气量——这能使你的关键器官迅速窒息。空气里的二氧化碳含量在 0.035% 时，一切正常，但是在你的密封的棺材里，这个百分比会很快上升。一旦二氧化碳含量升至 20%，只需要呼吸两三口，你就会失去意识，并在几分钟内死亡。

二氧化碳还能麻痹你的中枢神经系统，你会觉得意识混乱，并开始胡言乱语——所以你大概会看到棺材里有鬼？

随着二氧化碳的增多和氧气的减少，你就快死了，但是最终杀死你的是你排出的二氧化碳。二氧化碳含量在会 150 分钟上升到致命的水平，比氧气含量低到杀死你时要早。

但是情况还可以再糟一些，比如说给你挖墓的人着急离开，没有使用棺材安葬你。这可能听上去像是个更好的选择——也许你觉得能够活着逃出来？然而，实际情况是你会死得更快。

在 6 英尺之下的土里，你就像被封在水泥里一样。6 英尺厚的土重达 500 磅[6]，压在你的胸口上。换言之，你爬不出去。不管你看过的僵尸电影里怎么展示这种情况，如果你看到的是一个空的坟墓，你可以确定它是从外面被挖开的。

但是还有一些好消息：你不会马上窒息而死。你的大多数肌肉太孱弱了，根本推不开 500 磅的土，但是你的肺和胃之间的膈膜很强大——这一点很重要。你需要它来推开土，让肺膨胀起来。所以你还是能呼吸的。遗憾的是，你呼吸不到什么了。

　　在跟被土埋住的情况很类似的雪崩里，在最初的滑坡中幸存下来，却被埋在雪下的受害者，他们的生存模式都一样：每过 1 小时，他们存活的概率就会减半，所以如果你被埋了 1 小时，你活下去的概率是50%，2 小时，这个数字变成了 25%，以此类推。这种生存概率在被土埋住的情况里可能要更低，因为干净的雪里有 90% 的空气，而土里基本上就只有土。无论是哪种情况，雪崩或活埋，用你的胳膊搭一个空气袋是关键。

　　当然了。如果你担心被活埋，也没必要害怕。你还没去墓地呢，就已经死了。即使你的医生很懒，停尸间之旅也都是致命的。在你下葬之前，他们会给你来一次世界上最糟的输血。为了尸体不腐坏，入殓师会给你的血液里注射甲醛，很遗憾但可能也很幸运的是，这种做法是致命的。

～～～～～～～～～～～～～～～～～～～～～～～～～～～～～～～～～～～～～～

【1】也许你患有睡眠麻痹症。在睡眠期间身体瘫痪了，这本来没事，除非大脑犯了个错误，你在这种瘫痪状态下醒过来，而你的肌肉无法活动。平均说来，每个人在一生里都会遇到这种情况，它持续的时间通常少于 1 分钟，但是在有些情况里，这种状态可以持续 1 小时，并且令急救人员感到困惑。在一个案例里，一个女子一直到她被送进停尸房时才醒过来。

【2】另一种测试方法是，医生会把一面镜子贴近你的嘴巴，而如果你在呼吸的话，你呼出来的潮湿的气会给镜子蒙上一层雾。因此有了这种说法：任何可以给镜子蒙一层湿气的人都能做这份工作。

【3】爱伦·坡就是其中之一。他迷恋被活埋这一题材。

【4】如果你跟几盆盆栽植物一起被埋进去，会发生什么？植物会有帮助吗？很遗憾，没有，它们产生氧气的速度不够快，没法把被它们占去的空间的氧气弥补上。

【5】这也是阿波罗 13 号上的宇航员面对的问题，他们被迫搬进了登月舱里。

【6】英美制质量或重量单位，符号 lb。1 磅等于 16 盎司，合 0.4536 千克。

你被一窝
蜜蜂攻击

　　迈克尔·史密斯照看他的蜂巢的时候，有一只特别勇敢的蜜蜂飞进了他的短裤里，蜇了他的睾丸。

　　令他感到惊讶的是，那一下并没有像他害怕的那么疼——这提出了一个问题：如果睾丸并不是最糟糕的被蜇到的地方，那么哪里是？

　　他震惊地发现，从来没有人自愿地刻意被蜇100下，来得到一个靠谱的答案。

　　迈克尔·史密斯找到了一个全新的使命，以及一个新的日常安排。

　　每天早上——通常是在九点到十点之间——他都会小心翼翼地捉起一只有刺的蜜蜂，让它接近自己的皮肤，直到被蜇到为止，每天5次。第一次和最后一次通常是在他的手臂上，这是作为对照组处理的，在他的从1到10的疼痛级别评分上，这得到的结果是5。中间的三次，蜇在他那天早上选择实验的不幸部位上。他在几个月内，一共测试了25

个不同的身体部位。这个人已经被蜇过睾丸了，而为了回答你的问题，是的，没错，他也尝试了身体的其他部位。

结果，被蜇了以后最不疼的地方是头骨、中间的那个脚趾，以及前臂——它们从史密斯这里得到的疼痛级别只有2.3，随后则是臀部，它得到的数字高了一点：3.7。

这一系列数据的另一端，是脸部、阴茎和鼻子内部。

史密斯发现，谈论快感和疼痛的那些人们，并没有花工夫让蜜蜂去蜇他们的私密部位。"被蜇了那个部位时，疼痛并没有转化成快感。"史密斯告诉国家地理频道。尽管史密斯被迫做出了选择，但他声称他更愿意不穿内裤去照看蜜蜂，而不愿意不戴面具。但是他又补充道，无论是不穿内裤还是不戴面具，都无法给他带来快感。

"鼻子里面被蜇一下尤其疼，是那种如电击般跳动的疼痛，"史密斯说，"而且很快会导致打喷嚏、流眼泪，还会冒出一大股鼻涕。"

最终答案是？根据史密斯的说法（我们只有史密斯给出的结果，但是如果你感兴趣的话，他欢迎你来给出更多的数据），阴茎感到的疼痛是7.3，上唇则是8.7，而最疼的地方，鼻子内部，高达9.0。

一个鲜为人知的事实：一只蜜蜂蜇你一下，会引来更多蜜蜂。当一只蜜蜂蜇了你一下时，它会马上释放出一种信息素的混合物，让蜂巢知道需要防御。其中最关键的物质是一种叫作乙酸异戊酯的东西，常见于一些种类的糖果里，因为它尝起来像香蕉。它也被用在小麦啤酒里。换言之，在蜂箱附近走来走去之前，不要吃香蕉味的小牛牌糖果，也不要喝巴伐利亚牌小麦啤酒。

如果你忽略了这个建议，你会引起蜜蜂们的警觉，而恼怒的蜜蜂会飞过来进行援救活动。蜜蜂的刺上有倒钩，所以在蜇了你以后，它们飞走，或者尝试飞走时，它们的刺会留在你的皮肤上，将它们的内脏弄出来，使它们成为自然界的神风敢死队成员[1]。

甚至在一根刺从蜜蜂的身体上脱离出来以后，它还是能让倒钩来来回回地深入到你的鼻子里去，同时把位于刺的根部的囊里的毒素释放到你的体内去。

一只蜜蜂的毒液的作用原理，跟所有昆虫的毒液一样——都是进入你的细胞里进行化学反应，来得到它想要的结果。

在你的这种情况里，蜜蜂的毒液使用一种叫作蜂毒素的物质刺穿你的细胞的细胞膜。蜂毒素里有一种细胞炸药，以磷脂酶 A2 的形式携带着。如果目标是血细胞的话，它会被摧毁，而如果目标是神经细胞的话，它会"走火"——你的大脑会感受到震动式的疼痛。

更多的化学物质会继续作用在其他身体功能上。一种化学物质会限制血流，阻止你的身体稀释毒素，这就是疼痛会持续的原因；而另一种化学物质会在你的组织里搭建一种化学桥梁，好让毒素可以扩散并攻击新的细胞。

你可能会在你的被蜜蜂蜇的疼痛级别评分里给这种体验打上 9 分，但是其实这在被昆虫蜇咬的疼痛感受排行上只位于中间部分。让我们来认识一下这个问题的另一个权威人物：疼痛诗人，贾斯廷·O. 施密特。

在贾斯廷·O.施密特的被蜇咬疼痛指数里，一只蜜蜂的蜇咬只得了2分，满分为4。施密特很懂行，他让自己被超过150种昆虫蜇咬过，这让他变成了疼痛方面的专家，也就是他，创建了世界上第一个昆虫蜇咬疼痛指数系统。

评分排行的最下面是隧蜂科昆虫，评分只有1——施密特描述它们的蜇咬为"轻微的短暂疼痛，一个小小的火花烧掉了你手臂上的一根毛发"。

蜜蜂、黄蜂和白斑脸胡蜂得到的评分是2。白斑脸胡蜂的蜇咬，如果你没被蜇过、不知道的话，那感受是"发出轻微声响的丰富疼痛感，跟你的手被旋转门夹了一下时的疼痛感类似"。

被黄蜂蜇了的感受则是"热且是烟熏味的，近乎非礼的。想象一下W.C.菲尔茨把一支雪茄按熄在你的舌头上"。

排在黄蜂上面的是位于美国西南部的红收获蚁（跟火蚁不同），它得到的评分是3，感觉则是"直接残暴，有人正在用一个钻子把你的脚趾卸下来"。

昆虫世界里最凶残的昆虫之一是食蛛鹰蜂，全世界都有它们的踪影，包括美国，而它很少蜇咬人类[2]。但是如果你不幸被蜇到，那一下会让你感到"目眩般的强烈疼痛，如同被电击，一个连上电源的吹风机掉进了正在泡澡的你的浴缸里"。

世界上最疼痛的蜇咬来自传奇的子弹蚁，它们生活在中美洲和南美洲的热带地区。它的蜇咬，比食蛛鹰蜂的疼，不仅仅是因为疼痛感更强，而且其持续的时间也更长。

根据施密特的说法，子弹蚁的蜇咬具有"纯粹的强烈疼痛，就像行走在燃烧的炭上，脚后跟里还钉着一根 3 英寸长的生锈的铁钉"。

子弹蚁可能能够进行最疼痛的蜇咬，但是因为它们不会成群地进行攻击，所以它们并不是最危险的。蜜蜂则不同。蜜蜂蜇咬的致命程度，是平均每磅体重受到 8 到 10 只蜜蜂的蜇咬就足以致命。

因为每只蜜蜂都只能蜇你一次，所以如果你有 180 磅重的话，则需要大约 1500 只蜜蜂蜇你，它们才能释放出足够剂量的神经毒素来导致你的心脏停止跳动（当然了，这是建立在你对蜜蜂蜇咬不过敏的前提下的，如果你过敏，那么只需要一只蜜蜂就够了）。

然而，需要注意的是，1500 这个数量只是一个大概数字。有特殊情况的存在。一些人被数量更多的蜜蜂蜇了，却存活了下来。在一个著名的范例里，尽管医生在一个男人的身上发现了超过 2200 根蜜蜂的刺，但是他还是存活了下来。他被蜇咬到走投无路，只能跳进水里。不幸的是，那群蜜蜂继续在他上方飞来飞去，而蜜蜂的数量是如此之多，导致他不得不在浮上来呼吸的时候吞下去一些蜜蜂。

他活了下来，也许是因为他不是一次性被蜇了那么多下，那些攻击发生在数分钟里，但是当蜜蜂觉得对他的惩罚足够了的时候，他的脸已经被蜇成了黑色。

施密特的昆虫蜇咬疼痛排行里没有收录这种情况。

【1】因为叮咬对蜜蜂自身来说是致命的，所以它们总是会把这种情况留给更强大的敌人。对付微不足道的敌人，比如亚洲大黄蜂（喜欢吃蜜蜂的蜂蜜），蜜蜂有特殊的战斗技巧。蜜蜂会把入侵者包围住，围成一个相当紧密的圈，然后使用它们的身体热量和二氧化碳排放量，让敌人窒息而死。

【2】它会蜇咬狼蛛，令其瘫痪，然后再在狼蛛的身上排一个卵。当卵孵化时，食蛛鹰蜂的幼虫会在狼蛛的体内吃出一条路来，但是幼虫会尽量避免吃掉狼蛛的关键器官，让狼蛛可以尽可能地活得长一些。当幼小的食蛛鹰蜂长得差不多的时候，它会从狼蛛的肚子里爬出来，就像电影《异形》系列里异形从凯恩的肚子里爬出来一样。现在你开始同情狼蛛了吧。

一颗流星
砸到你身上

下次你观星的时候，要注意天空中最明亮的那些物体。除了月亮以外，你能看到的最明亮的星星其实并不是恒星，而是金星。如果你看到了更明亮的物体，继续观察。你可能会遇到一个问题，如果那个物体变得比月亮还亮，然后比太阳还亮，那么你绝对就有麻烦了——一颗流星[1]正向你冲过来。这个时候，你没法闪躲，也没有掩护你的东西，那你可能还不如就那么坐着，欣赏这场演出。

让我们假设你头上的这个速度飞快的太空石头直径有 1 英里。这意味着即使它造成的伤害巨大，但是也不能摧毁整个地球。

从你的角度看，这颗流星看上去像是一颗不断变亮的星星。首先，它的亮度会比天空中最亮的恒星天狼星还亮，然后它会亮过金星，之后它甚至会变得比月亮还亮——最后，令人惊讶的是，你会死掉。

之所以令人惊讶，是因为你可能会觉得自己能比实际情况多活那么几秒。你可能会预想自己是被压死的，但是实际上你在石头砸到你的几十秒前就已经死了。

在流星以每小时 25000 到 160000 英里的速度往地球飞来的时候，它会先击中我们的大气层，然后开始挤压空气。受到挤压的空气会变热。当你给自行车打气的时候你可能不会注意到这种现象，但是车胎里的空气其实变得更热了一点点[2]。流星也在这么做，只不过它挤压的空气很多，而且它行动的速度很快。

因为有在流星下面的受到挤压的空气，它会变成你的私人太阳。你周身的空气会在数秒内，从凉爽的 70 华式度，变成灼热的 3000 华式度。在这种炎热里，你会散发出蒸汽，并且变黑，但是可能没有时间燃烧起来。

如果你待在 3000 华式度的烤箱里，这种温度最终会把你变成一团扩散的气体，但是令人舒一口气的是，在这种温度下你只待几十秒而已，然后流星会击中你，所以至少你还有残骸留下来，即使那只是一团焦炭。

但是也不全是坏消息。你有幸成了第一个被流星杀死的人。然而，你并不是第一个被砸中的人。据我们所知，这一殊荣属于来自亚拉巴马州的安·霍奇斯夫人。1954 年，她正坐在她的沙发上，一颗西瓜大小的流星砸穿了她家的屋顶，砸碎了她的收音机，然后击中了她的臀部，留下了一块相当大的淤青。

第二位被证实的流星受害者是米歇尔·克纳普的产自 1980 年的樱

桃红色雪佛兰汽车。1992 年，米歇尔听到车库里传来一声巨响，她冲过去看，发现她花了 300 美元新买的雪佛兰汽车被一颗约 26 磅重、45 亿岁的太空石头击毁了[3]。

对米歇尔和安，还有所有人类来说，幸运的是这些流星都比较小。一颗流星，至少要拳头那么大，才能完整地来到地球——小于拳头的全被大气层烧掉了——而拳头大小的石头带来的动量是如此之小，以至于大气层会将它们的速度降至差不多每小时 100 英里。如果一颗拳头大的流星降落在你附近，这只会是好消息——每盎司[4]陨石的价格有 100 美元呢[5]。

在现代，击中地球的最大流星是 1908 年落在俄罗斯的通古斯卡河的那颗。据估计，它的直径有 100 码[6]，比落在广岛的原子弹威力大 1000 倍。它造成的声响是有史以来最大的，40 英里外还能令人感到震耳欲聋。它正好落在了西伯利亚北部，没有人伤亡，尽管有 8000 万棵树被冲击波吹倒了，还有一个远在 40 英里外的农夫被冲击波吹得飞了起来，倒了下去。

即使你没有站在流星下面，一颗直径达 1 英里的流星也绝对是坏消息。如果它以一个低角度进入大气层并飞了过去，带来的热会把它下面的所有东西焚化掉，留下一片焦土。

下面来讲讲冲击波。一颗直径达 1 英里的流星，可能会在飞过大气层的时候被分解掉，但是它的碎片仍然会以跟未分解时的合并能量相同的力量撞击过来——相当于一颗 5000 亿吨 TNT 当量的炸弹（被引爆的最大的氢弹只有 5000 万吨 TNT 当量)。

而如果它落在海洋上呢？海水很难让这颗超音速的炙热流星减速，所以它会撞到海底，然后形成冲击波。来自直径 1 英里的流星的第一个冲击波会高达 1000 英尺，速度高达 1 马赫[7]。第一个冲击波其实比较小。随后的那些力量更大，几分钟后，当之前被挤走的海水返回那个坑里时，最大的那个冲击波也会到达[8]。

也就是说，一颗直径 1 英里的流星，足以带来巨大的伤害，但是可能不够让地球上的生物灭绝。它激起的灰尘和烟雾会让地球降温，并且造成大面积的粮食停产和饥荒，但是它没法让所有的人类灭绝。

考虑到流星的破坏力，很多资料都致力于探讨如何早点发现它们，尽管就算我们提前发现了一颗流星冲过来，我们其实也束手无策。如果幸运的话，我们会在一两年前看到有威胁星球安全的杀手朝我们冲来。如果运气不好，而流星冲过来的角度比较刁，我们就没有办法提前得到警告。如果你发现自己在一颗看上去变得越来越亮的闪闪发光的星星下面的时候，最好牢记这一点。

【1】流星的具体名称比较含糊。总的来说，流星是天空中闪过的光，陨星是制造这闪光的坚固物体，流星体指撞击到大气之前的坚固物体。

【2】改良过的自行车打气筒，叫作活火塞，它可以压缩空气，直到空气热得可以引燃篝火。

【3】但是对米歇尔来说，这天糟糕的开始很快就变成了好运，她可以以10000美元的价格把她那辆坏掉的汽车卖掉，然后把陨石以69000美元的价格卖掉。

【4】英美制质量或重量单位，符号oz。1盎司等于1/16磅，约为28.3495克。

【5】如果运气好，你捡到的陨石来自月亮或火星，每克拉可以卖数百美元，而更便宜且常见的来自小行星带，价格要低很多。

【6】英美制长度单位，1码等于3英尺，约为0.9144米。

【7】不幸的是，这个速度太快了，没法冲浪。〔马赫数：飞机、火箭等在空气中移动的速度与声速的比。因奥地利物理学家马赫（Ernst Mach）首先提出而得名。〕

【8】很难想象这种海啸的威力有多大。2300年前，一颗有500英尺宽的流星降落在大西洋上，海水冲刷过的地方就是现在的纽约市。

你的头掉了

如果把你的脑从头里挖出来，你会死掉。医生通过测量你的脑电波来决定你是否已死，而你需要脑来产生脑电波。所以嘛，没有脑的话，你就完了。这并不令人感到惊讶。

令人惊讶的是，究竟在损失多少部分的脑的情况下，它还能继续保持运作。你可能觉得你的脑至关重要，但是要记住，是你的脑让你这么觉得的——而不是一个没有任何偏见的器官。

如果你是一只鸡，就算没了整个头部，你还能活呢。我们是怎么知道的？看看那只明星鸡麦克吧，它于 1945 年出生于科罗拉多州的弗鲁塔。

1945 年 9 月 10 日，麦克就要上餐桌了。它的主人，农夫劳埃德·奥尔森，把它带到了后院里，用斧头砍下了它的头。令奥尔森感到震惊的是，麦克受伤以后没有死，还像以往那样活着——在地上啄来

啄去地寻找食物（或者说至少它这么尝试了）。麦克在全国巡回表演了
2年，最后终于窒息而死（它进食只能依赖眼药水瓶）。它是怎么活下
来的？

犹他州立大学的博士认为，斧头的刀口确实砍下了麦克的头，但
是留下了完整的脑干。脑干控制着生物体基本的功能，比如心跳、呼
吸、睡眠和进食，如果你仔细想想的话，鸡基本上就只有这些活动。
麦克的动脉在它失血而死之前就堵塞了，于是它得以继续活了下去[1]。

人类和鸡一样，脑干在生命的每一刻都扮演着关键角色，因为没有
它的话，你就没法呼吸，也没法控制你的心跳。脑的其他部位受损，其
结果没有这么致命。大脑的可塑性很强，可以把任务转交给其他未受损
的部位。大脑分为左右两个半球，而如果损伤仅仅出现在其中一个半
球，那么它能承受的损伤可以达到令人震惊的程度，我们能在菲尼亚
斯·盖奇的范例中看到这一点。

19世纪早期的铁路修建没有严格的安全标准，尤其是关于爆破团队
的。作为爆破团队成员的菲尼亚斯·盖奇的工作，是把火药灌入打进了
石头的洞里，然后用一根直径1.25英寸、长达3.5英尺的金属棒把火药
压下去——但是在压下去之前，他得加入一点点沙子，这样就不会把火
药引燃。

1848年9月13日，菲尼亚斯·盖奇忘记了加沙子。

当他按压火药时，火药爆炸了，把金属棒炸了起来，戳穿了他的下
巴，飞进了他的左眼，穿过了他大脑的左半球，然后从头顶上飞了出

去，飞到了几百码外。

这根金属棒不但没有杀死盖奇，他当时甚至都没有丧失意识。1 个月以后，他就恢复得差不多了，尽管他的朋友都说，他的性格似乎改变了。他们得出了一致的结论，金属棒穿过大脑的后遗症是：他似乎变得更易怒了。在这起事故之后，盖奇从铁路上辞职了，开始与他的金属棒一起进行一系列的巡演，并且又活了 12 年。

当然了，盖奇很幸运。尽管那根金属棒穿过了他的大脑，但是损伤仅限于左半球。因为最重要的那些功能中的一部分在右半球还有备用救援部位来实现，所以如果你打算把一根棍子插进你的头部，做法最好是从前到后，或者从上往下，这样就只损害一边的大脑，比把棍子从左耳插进大脑，让它从右耳出来以损害左右两边大脑的这种做法要好得多。

盖奇活下来的另外一个原因是，大脑的大部分区域闲置着，什么都不做，或者至少可以说很多余。如果损伤发生得很缓慢，你甚至还可以比盖奇损失得更多，就像英国神经学家约翰·洛伯的学生经历的一样。

20 世纪 70 年代晚期，洛伯是英国谢菲尔德大学的教授，他注意到了他的一名优秀的学生的头部异常大。他建议学生去拍个片子检查一下。片子不仅显示出这个学生的大脑有问题，还展示了其实他并没有多少脑子——大脑内 95% 都是脑液，只有薄薄一层灰质贴在他的颅骨上。

这种情况并不少见——它叫作脑积水，基本上就像你的大脑里有一根漏水的管子。漏出去的液体逐渐将你的大脑往外推，推至颅骨处。如果你在年轻时患上这种病，你的骨头仍然有很强的可塑性，那么压力就会把你的颅骨也往外推——所以你的帽子尺寸都很大。

罕见的是，这个学生的智力达到了约 126（平均值为 100），这可能也向你证实了智商测试靠不住，但是这也意味着当我们说起大脑时，尺寸并不是那么重要[2]。我们的大脑重达 3 磅，塞满了我们的头部，但是其实这家伙只把其中的 0.25 磅用来工作，而且运作良好。

有那么一段时间，科学家相信，动物的大脑越大，它们就越聪明（而人类有着最大的大脑）。结果有人打开了大象的颅骨，看了看它那 12 磅的大脑，然后觉得这个理论需要一些修正。也许是大脑占体重的比例决定了智力？这听上去很合理，但是有人做了运算，然后意识到如果这个理论成立的话，人类的智力应该和田鼠的持平。

最后，智力的关键也许在于你的大脑——无论多大——有多少神经。而根据一个动物的大脑尺寸去判断它的智商，就像根据一台电脑的尺寸去判断它的运行速度一样靠不住（还需要记住的是，你口袋里的手机，可比 20 世纪 60 年代时占了一个房间的电脑要快很多很多倍）[3]。

基本上，如果我们有一天被大脑尺寸只有豌豆那么大的外星人侵略了，可千万不能低估他们。

【1】对老鼠所做的实验表明，如果你的头被砍下来，你有大约 4 秒的时间保持清醒状态，直到血压下降得太多，类似于从热浴缸里太快出来，你会昏过去。

【2】对这名学生的智力的另一种解释，是我们的大脑内部（也就是他缺失的部分）叫作白质的东西，并不像外部的叫作灰质的部分那么重要。所以如果你必须放弃部分大脑的话，放弃中间的那部分吧。

【3】既然我们说到人脑跟电脑这个话题了，那么顺便说一句，你的大脑在一些问题上运作的速度比最快的超级电脑都快。但是电脑已经开始慢慢赶上来了。

你戴上世界上声音最大的耳机

如果你戴上世界上声音最大的耳机，然后把音量调到11，会发生什么？死亡金属风格的音乐会震碎你的头骨并且把你的大脑变成一摊水吗？

幸运的是，答案是否定的。如果你戴上一副高达190分贝的耳机，你的耳膜会马上破裂，你会变聋，而且这种损伤不可逆，但是你的大脑可以承受比这更多的损伤。

然而，你的其他器官可没有这么坚强。耳机让声音集中在你的头部，此处只有耳膜在对抗这种声音能量，但是如果你把耳机取下来，打开功放，那么你的整个身体就会暴露在声音里——你的耳膜并不是唯一受不了声波的器官。

但是在我们谈到这些之前，还需要理解当你听音乐时，你的身体会发生什么。声音是一系列的压力波，它们在空气里移动。你能把这些压力波转化为音乐，是因为你耳朵里有摆动的骨头，启动了一系列极其复杂的运作——就像一个系统，涉及了耳膜、细胞膜、"头发"、骨头和一些神经。

声音的压力波变大，意味着更多的骨头会摆动，发出的声响更大。声音其实是压力波在空气里移动，这也就是为什么它会造成损伤。最危险的声音来自冲击波，而冲击波主要产生自爆炸，爆炸时的一次或多次冲击，使压力在大气层中移动。当这些声音出现时，它们算不上是音乐，因为冲击波像是一根长矛，而音乐是压力的一系列震荡。可能存在的最大的震荡在 0 到 2 个大气压之间，最大声响的音乐可以高达 194 分贝。任何比这个数字还高的声音都是冲击波。因此，"音乐可以杀死你吗"这个问题，其实可以理解为"195 分贝以下的声音可以杀死你吗"。让我们不去直接回答这个问题，而是提出另一个问题：分贝是什么？

分贝是用来测量音量的一种对数的标准，这意味着提高 10 分贝，等于将声音的能量提高了 10 倍。

120 分贝的音量带来的感觉——就像站在电锯旁边一样——声音开始让你觉得痛苦了。

150 分贝时，你会感到仿佛站在一台飞机的引擎旁边。声音会在你的内耳产生共振，弄掉你的耳膜。如果继续提高分贝，还能给人带来更多的损伤。

如果你把 190 分贝的声音用功放放出来的话，你就有麻烦了[1]。幸运的是，这种做法实现不了。人工制造的声音最大的功放是位于荷兰的一个喇叭，它被用来测试卫星是否能够承受导弹发射的噪声。这个喇叭能产生 154 分贝的音量，足以震掉你的耳膜，但是可能不够杀死你，除非你把你的头塞到喇叭里并且保持一阵子（科学家不能肯定这种情况是否能杀死你，因为还没有人尝试过）。

当然了，卫星喇叭只是我们所知的声音最大的物品。

自 20 世纪 40 年代起，美国军方就实验过声波武器，但是据我们所知，结果不尽如人意。理论上讲，耳朵是很容易受到攻击的目标。你没法把耳朵关闭，没法扭头不听，也没法不去注意声音的出现。但是在实际操作里，声音很难被控制。它会在物体之间反射来反射去，遇到建筑时会变强，而且面对一大群人时效果不均衡。站在功放附近的人会马上变聋，而站在后方的人可以无动于衷。也许对军方来说最糟的是，用一副 5 美元的耳塞，就可以抵御声波武器。

但是让我们假设你去听一场死亡金属音乐会，他们把音量开到了190 分贝，而你坐在最前面的座位上。声音会马上冲击你的耳膜，让你永久性变聋，所以后面的噪声其实你都听不见了。

声波其实会在通过大气层时挤压空气，但是因为你的身体里大多都是液体，所以你几乎感觉不到这种挤压。我们说"几乎"，是因为你的身体里不全是液体。还有一些中空的部位，比如你的肺部和消化道，你需要担心的正是这些中空的部分。

幸运的是，你的内脏很结实。要震动它们，需要很大的压力。要震碎它们，则需要爆炸引起的冲击波。不幸的是，你的肺要娇气得多。

肺部组织相对来说很脆弱，而极大的声音震动可以造成迅速的过度扩张，并且弄坏排列在你的肺里的肺泡。肺泡的作用是在你的肺部和血液之间传输气体。没有了肺泡，你就没法让你的血液里有氧气，而你的肺也就没用了。

所以如果你站在功放前面听死亡金属乐，并且音量被调到了 11 的话——在这种情况里，11 意味着 190 分贝——压力波会强迫你的肺部过度扩张，也许还会弄破你的肺泡。你会像一条离开了水还试图呼吸的鱼一样，窒息而死。

当然了，一个真正的金属乐迷应该去金星旅行。在我们的大气里，194 分贝就是音乐的上限了，但是在金星的表面，大气要密得多，摇滚乐的强度可以强达万倍。听一段吉他单人独奏，就像站在爆炸冲击现场似的。

【1】让人的声音大到这种程度的一个方法是，将一个真空房间和一个增压房间（两个房间气压不同）用一根排气管交替地连起来。

你偷偷搭乘飞船登陆月球

··➤

　　NASA 可能不打算在不久的未来重返月球。他们准备派人去火星，目前的计划是先登陆一颗小行星。如果你想去月球，最有可能实现这一目标的办法是跟中国人一起去。但是即使你会讲中文，这个工作的竞争也非常激烈。让我们冒险假设一下，如果你没得到这份工作，但是你还是决心去呢？因为你非去不可，因此你偷偷地爬上了一艘宇宙飞船，并且因为太空服很贵（约 1200 万美元），你只穿了短裤和 T 恤。那么我们觉得会发生的事情如下：

　　数到五的时候——你不是真正的宇航员，当然听不到倒计时了，但是你大概能从外面的喇叭听到——主引擎会启动。在发射的时候，飞船会在接下来的 8 分钟里加速到每小时约 25000 英里，你将会承受 4 G 的加速度，跟坐最激烈的过山车差不多，只不过时间要长很多。你能活下来，但是没有宇航员用的那种太空服和安全座椅，你会感到很不舒服，可能还会昏过去。太空服在飞船有破损的情况下也是有帮助的。因为你没穿，那么你只能寄希望于飞船能够平稳航行了。

你也需要寄希望于参与太空计划的工作人员给飞船多加了一些燃料，因为加上你的 200 磅体重以后，飞船的运行轨道就不精准了，而且工程师将被迫发射机动火箭来调整运行轨道。

但是让我们假设一切顺利，而到你被其他人发现的时候，他们没有别的办法，只能带上你一起。那么在这趟为期 3 天的零重力旅程里，你会有什么感觉呢？你会觉得非常、非常恶心。

恶心是生物在零重力下的初始反应中不幸的一部分。在太空里感到的恶心，是行动产生的恶心的加强版，是你的眼睛和内耳之间"互不协调"的令人不快的结果。你的大脑将这种不协调理解为食物中毒，然后给出的解决方案是：呕吐。

你到底会感到多恶心，这取决于你的大脑和内耳之间的联系的强弱。所有人的这种联系都是不完美的——如果你在水下旋转，你的内耳会无法分辨哪个方向是向上——但是你的这种联系越紧密，不协调的程度越大，你就会觉得越恶心。

目前的太空恶心冠军是犹他州的前州长杰克·加恩。1985 年，他利用在参议员拨款委员会里的职务之便，给自己争取到了一趟太空之旅。他在太空里感到的恶心是如此剧烈，达到了传奇的程度，以至于 NASA 直接以他的名字来给太空恶心的分级命名。加恩恶心指数从 0 到 1。

0 加恩时，你会觉得没事，而且你经历的典型的晕车恶心只有 1 加恩的十分之一。1 加恩则意味着你感到非常恶心，丧失了行动能力。

在拉风的汽车旅程里，一般来说呕吐并不致命，但是在太空里呕吐很危险。如果你戴着头盔在进行太空行走，你可以被自己的呕吐物淹死[1]。为了解决这一问题，NASA 训练宇航员时，会让他们进入一个昵称为"呕吐彗星"的特殊训练飞行器，这个机器会载着他们进行夸张的抛物线轨迹飞行。在每次抛物线的开始（也就是往上爬）之后，飞行器就开始自由落体，在其后的大约 90 秒里，飞行器里的每个人都会跟着自由落体——体验零重力。

在你的情况里，你没受过这种训练，那么你的内耳就会经历一次剧烈的旋转，而很快你就会感到 1 加恩的恶心——接近丧失行动能力的恶心。

好消息是，一旦你到达月球，月球的重力会治愈你的太空恶心。坏消息是，你仍然没有太空服。

月球，跟太空一样，是没有空气的真空，这也就是为什么你的同伴宇航员在踏上月球时都穿着昂贵的、笨重的太空服。而当你穿着你那身更舒服的衣服踏上月球时，你会死掉。但是不是马上就死！

我们怎么知道的？

1966 年，NASA 的技术人员证实了这一点。他们在一个真空舱里测试一件太空服时，一根有问题的软管让太空服开始减压。当时，技术人员在未受保护的状态下，在真空里待了 87 秒之久，之后真空舱才重新获得压力。在那 87 秒的大多数时间里——除了最开始的 10 秒——他都丧失了意识。但是幸运的是，除了因为急剧的压力变化而产生的耳痛以外，他毫发无损。得到的教训是：在真空里，在没有保护的状态下，一个人类的身体可以坚持 1 分钟——或者 2 分钟——但是只能够维持有意识的状态 10 秒。

在那短暂的有意识的状态里，你会经历什么？

这取决于你踏上的地面位于月球的哪个面。是阳光照射的那面，还是背面，这其中的区别很大。地球自转需要 24 小时，而月球需要整整 1 个月，这意味着月球的一个面可以受到太阳照射的时间是 15 天，那面会升温至 253 华氏度，而不受照射的那面会降温至零下 243 华氏度。当你第一次打开舱门往外走时，这种温差会造成很不同的感受。你会有什么感觉？

如果是不受太阳照射的那一面，温度是零下 243 华氏度的话，你会感觉到冷，但是没有到冻僵的程度，因为真空里的零下 243 华氏度跟地球上的冷库的零下 243 华氏度，感觉是不一样的。没有任何大气，热传导会发生得很慢。如果你踏上的是不受太阳照射的那面，温度的变化给你带来的感觉差不多就像是裸体走进了一个凉爽的房间。然后，因为在真空里水的沸腾温度要比你的体温低，那么随着你的汗水瞬间被蒸发，你会打个冷战。但是这是最糟的感觉了——打个冷战。

如果你踏上的是月球朝阳的那面，温度在 253 华氏度，真空会又一次拯救你，让你不至于被烤焦。但是由于月球的炙热表面散发出来的热量，你会感觉比在夏天时待在死亡谷里要热那么一点点。

除了热那么一点点之外，朝阳的这面跟背面还是有几处其他的区别的。月球表面有 253 华氏度，那么没有靴子的你，会需要当心踏上去的区域。月球表面大多是细粉，没有那么密实。事实上，这些细粉很轻盈，所以月球不会烤焦你的脚，相反，你的脚会让月球降温[2]。但是如果你踏上的是一块月球岩石（月球上到处都是这种岩石，它们的密度比你的脚要大），那么你的脚就会被烤焦，发出嗞嗞的声响。

除了需要避开月球岩石以外，你还需要考虑到太阳——更确切地说，是 UV 射线带来的影响。

太阳放射出 X 射线、紫外线，而高能量的辐射分子会一直照射在我们身上。对居住在地球表面的人来说，幸运的是，地球的大气层和磁场会吸收掉大部分的辐射，而防晒霜和衣服会把其余的排除掉[3]。在这些层层防护之下，生命得以延续。然而对任何处在大气层之上的人来说，情况就会变得很不一样了。

在月球上的你，没有了大气层的保护，所以即使你小心翼翼地涂上了一层 SPF50 的防晒霜，然后才踏上月球，但在几秒内你就会受到足够的辐射，得到一层健康的小麦色皮肤。你在 15 秒内吸收到的辐射，最终会造成让皮肤起疱的三级晒伤。

另一个需要考虑到的问题是呼吸。如果你在踏出登月舱前深吸一口空气，并且不呼出去的话，你肺里的空气会在真空下立即扩张，弄破脆弱的肺泡。处理这种情况的最佳方案是预防：在离开登月舱时，不要让你的肺里充满空气然后再屏住呼吸，你需要做的是张大嘴巴，让你肺里的空气冲出去。

你的血液里有足够的氧气，可以让你维持有意识的状态长达 10 到 15 秒。在那以后，你会昏过去，而 20 世纪 60 年代的利用真空状态下的狗来进行的研究，显示了在 2 分钟以后你就会脑死亡[4]。

一旦你的心跳停止，情况就会变得恶心起来。

我们之前说过了，在真空环境里，水的沸腾温度比你的体温要低，所以你的所有汗水都会蒸发掉（跟你的眼泪和口水一起被蒸发掉，那场面真是令人不忍直视），这是真的。但是这些都是你体外的液体。你体内的液体，也就是你的血液，会在几十秒内开始蒸发。

你会丧失意识，然后很快死掉——所以这其实更像是一个太空需要处理的问题，而不是你的麻烦——但是随着你的血液开始蒸发并且变成气体，你的皮肤会扩张到无法拉伸的程度，将你变成一个人体气球。

最终，所有的气体会离开你的身体，你会泄气，但是你的皮肤在这种由本来状态经历扩张到收缩的过程里，至少可能会导致一些新皱纹的出现。

月球上没有虫子和细菌，只有你的体内有这些东西，但是真空和急剧的温度变化会杀死它们，所以你的尸体不会腐烂和降解。

假设你的同伴宇航员不愿意把你的尸体拖回去，那么你就会以一个保存完好、浑身皱纹的干尸的状态，在月球上居住数千年。

【1】你的太空头盔里有任何液体都是危险的情况。2013 年，意大利宇航员卢卡·帕尔米塔诺在国际空间站附近进行一次太空行走时差点儿被淹死，就是因为水漏进了他的头盔里，而水珠飘浮在里面。

【2】这也就是为什么如果操作方式正确的话，在热炭上行走也是可行的。

【3】地球大气的 SPF 值在 200 左右。

【4】好了，我们知道这些都是坏消息，但是存在救援的机会是真的！对狗进行的实验展示了，在真空里暴露 90 秒几乎是可以存活下来的，尽管在这段时间里，狗都会失去意识和行动能力，而它们的内脏排出的气体会导致排便、呕吐和排尿。它们的舌头会被冰覆盖，身体肿胀起来。这听上去不怎么愉快，但是在重新增压以后，它们就会泄气，在几分钟之后它们就没事了。不过 2 分钟的真空环境似乎是极限了。

你被绑在
科学怪人的机器上 ➤

　　对《科学怪人》原著的详细研究并没有准确地揭露出博士的机器使用的是什么样的电压和电流，但是这一点至关重要。无论是哪种情况，让我们假设你变成了科学怪人的怪物，并把你自己绑在了桌子上。因为你应该是活着的，跟博士的怪物在接受电击之前的死亡状态不同，电流在你身上跟在怪物身上的效果也会很不一样（在现实情况中，电流在弄死你这方面会很有效，而不是令你死而复生）。

　　首先，博士会把电极绑在你的头部和脚踝处，好让电流通过你的身体。然后他会按下开关，一系列的事情会很快发生——但是在我们谈到那些事情的细节之前，先停下来，聊聊现在你身体里的电会做什么吧。

　　当你读到这里时，强烈的电震动正在冲击着你的心脏。你最好希望它这么做。因为如果没有发生这种情况的话，你就会像医生所说的那样，已经死了。希望一切都很顺利，你的心脏今天会跳动约 85000 次，就像昨天那样。如果你还能活到明天的话，明天也会跳这么多次。

电流通过你的心脏的时间跟流量都至关重要，而要把事情搞砸很容易。你的心脏只需要十分之一伏特的电压就能引发它的收缩，而不合时宜的电流会打乱你的心跳并杀死你。

这是坏消息。

而好消息是，你的皮肤是一件很不错的电阻外套。

如果你跳上博士的桌子，并且全身是干燥的，还穿着衣服的话，任何小于 100 伏特的电量，可能都不会到达你的心脏[1]。

要确保电流顺利到达你的内脏，博士至少需要使用 600 伏特的电量——这种电量才足够进行一次介质击穿，或者更通俗地说，在你的皮肤上烧一个洞。

然后，你的身体会因为电流通过你的神经，跟你的肌肉发生了反应而跳起来[2]。这种跳动现象是博士故事的起源，作者玛丽·雪莱听说了实验中的尸体跳起来，因而产生了这个想法（"它还活着！"）。

温和的电刺激并不是很糟糕。电击可以令肌肉一次又一次地收缩，这就叫锻炼——不用花任何力气，就能得到六块腹肌。

可是除了非你所愿的强制锻炼以外，你还会面临其他的麻烦。电流可不想在你的皮肤上来回穿梭，因为你皮肤的电阻很强，所以它会从电阻小的鼻子、眼睛和嘴巴里的通道，进入你的大脑里去。无论电流流经哪个位置，它都会将周围加热，这对你的皮肤来说不算坏事——这只是轻度的灼烧而已。然而，你的大脑却要敏感得多。

　　一旦电流进入你的颅骨里，它就会加热并烹饪你大脑里的蛋白质。在灼烧了你大脑的外层之后，电流会继续通过你脚踝上的电极进入你的身体，这意味着它会进入脑子里，并且集中精力到你的脑干上，脑干控制着人体大量关键的功能，比如说呼吸。一旦脑干被烧坏了，你就会忘记呼吸，无论你有多努力尝试着回想起来。

　　因为还残留着一些氧气，你的大脑可以继续工作几秒，但是在 15 秒内，它就会失去意识，而在 4 到 8 分钟以后，你就会经历脑死亡。如果这是玛丽·雪莱的故事，那么大脑自然无关紧要。博士可以再把开关打开，没过多久你就又能跳起来行走了。然而，在现实里，脑死亡是个更加棘手的问题。如果你的心脏在颤动，那么可以通过电震动来让它重新正常工作，但是试图恢复你的大脑，就像试图让一台彻底坏掉的电脑进行启动一样艰难。

　　更别说你的大脑其实已经变质了，所以如果博士想要让这个过程倒着来一遍，让你由死复生的话，他将不得不开始寻找一个新的大脑。

【1】很难说清楚致命的电流量究竟是多大，这是因为，电流流动的方式比较难以预计。至少曾有 1 个人被只有 24 伏特的电杀死，但是在那个情况里涉及了大量的水。

【2】翻越电网的一个风险，是电会让你手臂上的肌肉跳动起来——而握紧肌比释放肌要强壮一些，所以你无法松开抓住电网的手。你腿部的肌肉也是这样。电不会把人们从地面上电起来，它只会让腿部的肌肉跳动，而因为腿部的伸展肌比收缩肌要强壮，所以你会跳起来。

你乘坐的电梯的缆绳断了

在现代电梯超过 150 年的历史里，有约 8000 亿次搭乘，而这 13000 亿的电梯乘客里，大多数人很可能都曾经担心过缆绳会突然断裂，然后他们就会被压扁，并且以这种相当惨烈的方式死去。

而他们有理由去担心。

因为这种事情发生过。

一次。

1945 年，美国空军 B25 战斗机的一名飞行员在浓雾里迷失了方向，然后飞进了帝国大厦的 79 层里，切断了两部电梯的起重机和安全缆绳，让这两部电梯垂直落了下去。在那个年代，电梯还没有变成自动的，里面有操作员——站在电梯里帮助乘客到达目的楼层的人。

其中一名操作员因为需要抽烟——这次抽烟需求可是人类历史上最合时宜的一次——离开了电梯，而另一部电梯里的贝蒂·卢·奥利弗太太，则从75楼一直落到了电梯井里。

电梯是你可以使用的最安全的自动运输工具。但它们并非毫无风险——在美国，每年平均有27个人死于电梯事故，但是几乎所有的这些人，都是因为"操作不当"而死。假设你就是其中一个。（安全提示：不要试图把你的身体往门正在关闭的电梯里挤，不要试图从一部卡住不动的电梯里爬出去，不要爬到电梯的顶部搭乘它。）对比之下，自动扶梯要比电梯危险13倍。

电梯之所以这么安全，部分原因在于安全制动器。1952年，伊莱沙·格雷夫斯·奥的斯发明了它。安全制动器安装在电梯梯厢上，可以让电梯在缆绳断掉的情况下停下来。

在奥的斯的发明之前，电梯这种工具并不流行。此前，没有人愿意钻进一个盒子里，让他们的命都悬在一根线上，即使这根线很粗。奥的斯改变了这个事实，而当他成功时，他也改变了一切。

电梯可能看上去只不过是一种不错的现代便利工具，但是事实上，我们都知道，电梯对都市生活来说不可或缺。在有电梯之前，建筑物都只有6层楼高——没有人愿意把一袋杂货拖到比6层还高的位置——而那些在有电梯之前建造的楼里，阁楼一般都在1楼。楼层越低，房租越高。

电梯让建筑师可以把楼盖得更高，让城市的一个街区里可容纳的人数变得更多。没有电梯的话，我们的人口会从城市中心往外扩散，郊区的范围永无止境。

感谢奥的斯先生，不是每座城市看上去都像洛杉矶那样了，但是不可能的情况会发生吗？奥的斯的发明会失败吗？你的电梯会像奥利弗太太的那样，从摩天大楼的顶部往下掉吗？即便如此，你也不一定会死掉。有那么一点点运气，再加上物理学界出现的几个怪才，你可能会活下来——就像她那样。

过去，你能从电梯往下掉的最高高度是 1700 英尺。电梯没法再高了，因为它们的起重机缆绳太重，一直到 1973 年，世贸中心里出现了电梯转乘楼层时，摩天大楼才打破了这个对电梯极限高度的限制。

一部处于 170 层的高度的电梯，自由落体达到地面时的速度约为每小时 190 英里——这个速度当然是致命的。但是如果你很幸运的话，你的电梯会紧紧贴着它的轴。当这种情况发生时，电梯下方的空气不会窜逃得那么快，这就创造了一个压力做成的枕头，就像柔软的空气气囊一样，可以让你在降落时减速。

这对你有所帮助，但是你还需要做更多的事情，才能活下来。

逐渐地让自己停止加速是关键，这可以减少你身体上的重力（火箭或飞机改变速度时人体的反应力）。重力是利用地球的引力来表达你身体上的加速度或者减速度的力，单位是 G。现在你身体上的重力是 1 G。最激烈的过山车能够达到的重力是 5 G（这也意味着你的重量有你体重的 5 倍之多）。经过训练的战斗机飞行员可以承受 9 G 的重力，在此之下还能继续飞行。

在几秒内承受约 50 G 的重力是人类存活的极限。我们是怎么知道

的？ 1954 年，美国空军在设计战斗机的弹跳座椅时，需要知道在不威
胁到飞行员生命的前提下，这种座椅把他们弹出飞机的速度可以有多
快。详细说来就是他们需要知道人类的身体可以承受多少 G 的重力。
于是他们建造了世界上最吓人的狂欢节娱乐设施，并且征募志愿者去
尝试。

空军军官约翰·斯塔普有过测试氧气系统时差点儿窒息而死的经
历，也有过在没有安全罩的飞机里以每小时 570 英里的速度飞行、差点
儿把自己的皮肤吹下来的经历。他接到了电话。

空军把斯塔普绑在了一个设计特殊的火箭滑车里，让滑车加速到
了约 0.9 马赫，然后在 1.4 秒的时间里让滑车停了下来，让重力达到了
46.2 G，他们观测会发生什么。

在那极其不舒适的片刻里，斯塔普的重量达到了 4600 磅。他眼睛
里的血管破裂了，肋骨断掉了，两个手腕也断了。但是他活了下来，并
且证明了——在一切严格受限的情况下——你可以承受超过 40 G 的
重力。

约翰·斯塔普能活下来的一个原因是他身体的姿势，那么让我们重
新谈论你的自由落体的电梯吧。你想活下来，最好是让你的身体重量分
布均匀。不要向上跳，跳起来不会有帮助。即使你神奇地抓住了时机，
在落地的那一瞬间跳了起来，你也只能让你的撞击速度减少 1 ~ 2 码每
小时而已。而当你受到撞击时，你的器官会从它们的本来位置往下掉，
一直降到你身体的最低处。

如果你想到了可以悬挂在电梯的顶部的话，不要那么做。你会被扯下来，然后撞击到地面，其剧烈程度就跟你从顶楼直接跳了下来一样。爬到你旁边的人的肩膀上也不会有任何帮助，无论你多想这么做。这样很危险，而且他或她在受到撞击时肯定也会倒下去。

最佳策略？躺下去，让背部贴地。这样可以让你的身体在不挤压器官的情况下停下来，这是最佳做法。

有趣的是，当人们在残破的电梯里发现奥利弗太太时，她并不是如我们推荐的那样平躺着的——她坐在角落里。令人惊叹的是，即使坐着并不是最佳的姿势，但她活了下来。她断了几根肋骨，后背的骨头也断了，如果她平躺着的话，她可能会被穿过了电梯梯厢底部的电梯轴的碎片刺穿。

所以不要被我们误导。如果你的电梯缆绳断了，你活下去的机会是很小的。幸运的是，首先要想到，这种事情发生的概率——小于十亿分之一——本身就非常小[1]。

【1】作为对比，如果你试图上到你所在的这栋楼的 2 楼，无论是爬楼梯，还是坐电梯，危险程度都一样会增加 10 倍，而从建筑物的外部以攀岩的方式上去，危险程度会增加超过 1000 倍。

你钻进桶里然后从
尼亚加拉瀑布滚了下去

1901 年，63 岁的退休教师安妮·埃德森·泰勒有了经济上的麻烦。眼看着要靠救济金生活了，她决定成为第一个钻进木桶滚下尼亚加拉瀑布的人，她觉得这样做可以出名并且赚到钱[1]。她制造了一个木桶，密封好，然后把木桶带到了瀑布上面，木桶里是她的猫，她打算先用猫测试一下。猫和木桶都完好无损，于是在她生日那一天，她自己钻进了木桶里，滚进尼亚加拉河里，从瀑布上面掉了下去。几分钟以后，她的木桶重新出现在了瀑布底下，她只受了一点点轻伤。她成功了，但是她对人们说："我宁可站在一门大炮前面，被炮炸死，也不愿意再去尝试了。"

尽管泰勒女士提出了这样的建议，但她的生还还是激励了很多模仿者，他们中的一些人就没有这么好的运气了。木桶是最受他们欢迎的工具，但是也会有其他的容器，比如木筏、摩托艇，甚至还有一个巨大的

058

橡胶球。

让我们来假设一下，你像泰勒女士一样，选择了一个木桶作为工具，让一个朋友把你推下了尼亚加拉河，并且让激流把你从瀑布上带了下去。

当你到达瀑布底部的时候，你已经下跌了 180 英尺，你的速度为每小时 70 英里。你是否能活下来，取决于你撞击到的东西。

如果你的木桶撞到的是岩石，那么你就有麻烦了。在 NASA 的关于人体的承受力的研究里，他们得到的结论是，从 22 英尺高的地方不受限制地下降——也就是说你下落到最后的速度是每小时 25 英里——用脚降落到坚固的物体上，通常你是能活下来的（这并不意味着你就不会受重伤——你可能会受重伤）。从 23 到 40 英尺高的地方降落下来，意味着你能否生还已经成了问题，而从 40 英尺以上的地方（落下来的速度为每小时 34 英里）落到石头上，差不多意味着死亡。

很明显，如果你和你的木桶以每小时 70 英里的速度撞到了这个 180 英尺高的瀑布底下的石头，你会死掉。

降落到瀑布下面的水里，可比落在石头上要强得多了，所以你要活下去，最好是从瀑布的马蹄形区域掉落下去，这样你就能掉进水里。然而，这并不意味着你就安全了，尤其是当你掉进一摊不流动的水里的时候。来自美国空军的研究显示，如果你以每小时 70 英里的速度掉落在死水里，你只有 25% 的生还可能，而这还是你以完美的姿势落水的结果（必须是脚先接触到水，然后是膝盖，身体稍微向后倾斜）。以任何其他的姿势落入水里，都差不多是死路一条[2]。那是因为，如果你没有以完美姿势落入水里的话，你的减速将全部发生在接触到的头 1 英尺的水里，而你的胸腔里脆弱的骨头会在这种强压之下粉碎掉，变成尖锐的矛，刺向你的器官。当你的头冲向你的脊柱时，颅骨会骨折。对其他器官来说，情况也一样，它们的动量都会向你的足部冲去[3]。

然而还是有一些好消息。尼亚加拉瀑布下的水并不是死水。水很活泼，充满了空气，而且一直动个不停，这对高速降落来说是好事。空气泡泡比水的密度要小，所以当你冲进多泡的水里时，会下降得更远，减少了你将经历的重力反应。尼亚加拉瀑布下面充满空气的水，是让众多特技演员得以带着完好的器官浮出水面的原因。

坏消息是，正因为水里充满了空气，并且在不断地相互搅拌着，水没有那么密实，也就意味着你不会浮在上面。这可能就是不管那些木桶看上去有多经不住风浪，用密封木桶滚下瀑布的人，活下来的比那些穿着泳装掉下去的人要多的原因。木桶比人更容易浮起来。

如果你待在木桶里滚下了瀑布，然后身体完好无损，下一个你将面临的问题是瀑布下面的水是如何循环流通的。木桶有时候会被卡在水帘底下，长达数小时。

乔治·L. 斯泰撒基斯，另一个勇闯尼亚加拉瀑布的人，他在 1930 年从瀑布上滚了下去，但是他的木桶被水帘卡住了，长达 14 小时。即使的木桶能够保持完好的状态，它里面的空气也不够你呼吸那么久。斯泰撒基斯在瀑布下面卡住的时候，因窒息而死。

尼亚加拉瀑布下面循环的水流才是真正的杀手。充满空气的水通常可以在那些勇士冲击水面的时候救他们的命（尽管很多人的骨头断了），但是它会如何让木桶在水下活动，则是完全随意的。如果你很幸运，水流会在数秒内把你吐出来，你就可以进行公众巡回表演，来偿还你接受的罚款了。如果你不走运，就像斯泰撒基斯那样，你会被水拉下去，卡在水帘下面，被活埋在水里。

【1】其实并没有。

【2】根据这个研究的说法，240英尺高的降落（以每小时80英里的速度撞击水面），无论身体姿势如何，都是致命的。金门大桥有245英尺高，而95%的自杀者都死于落水时的冲击。

【3】常见问题：如果你落在水面上时，朝着水面开一枪以"减缓水面压力"，这会救你一命吗？不幸的是，答案是不能。水面压力跟你的生死没关系。关系到你是否能够存活的是水的密度，以及水阻止你下沉的速度有多快。为了存活，你必须减少水的密度，所以你需要很多水泡，而一颗子弹创造不了那么多泡泡。要存活下去，你需要的是一排3英尺深的泡泡，宽度得跟你一样大。所以，你需要的子弹要么得是那种可以爆炸的，要么得够多，比如说机关枪的子弹。

你睡不着

··➤

　　你活到 10000 天的时候，已经在这个星球上存在了大概 27 年 4 个月又 25 天了。或者你会更喜欢这种说法，那就是你存在了 240000 个小时了。在这些小时里，你花了 11000 小时吃饭，一整年的时间待在卫生间里，还有一整年的时间用来眨眼。但是这些跟你最喜欢的活动之一比起来都不算什么——那就是失去意识。活到这个时候，你花了 9 年的时间睡眠。

　　如果给你一个机会，能把这些时间要回来，你会这么做吗？或者换一种说法，你会喝下终极能量饮料，让自己永远保持清醒吗？

　　在回答之前，你需要仔细考虑。如果你面对着不吃饭和不睡觉这两个选择，你应该放弃火腿三明治。比起不吃饭来，不睡觉会更快地杀死你，并且这个过程是更加痛苦的。

　　更有趣的问题是，为什么？专家还不是很确定。无论在睡眠里发生了什么，很明显，睡眠都很重要，不仅仅是因为我们花在它上面的时间特别长，而且因为进化对睡眠好像没什么意义。人类历史的大多数时间，我们都在跟一些大型食肉动物分享着这个世界上的一切。我们在食物链中的位置只不过是居中而已。躺下去长达数小时之久，完全忽略掉一只正在逼近的长着犬齿的老虎，这种行为曾经非常危险。很难去想象，在这么一个适者生存的环境里，适者居然还包括了一种把三分之一的生命花在睡眠上的、容易受到攻击的动物。

很明显，其中有着重要的缘由。睡眠差不多是所有动物的共同需求，无论风险是什么。在满是猫的环境里，老鼠也会睡着。甚至连植物都有一种类似睡眠的生理节律。

显然，睡眠是从生物进化起就有的一种适应方式。也许你的远亲——可能是一些几千年前的藻类——睡了那么一小会儿，然后发现这有助于伸展蓝绿色的头部，并且让它表现得比同伴要好，剩下的事情就是进化史了。

尽管我们并不知道那种藻类的名字，但是我们知道班迪·加德纳的名字，而班迪给睡眠的重要价值提供了更新颖的视角。

1964 年，班迪·加德纳，加利福尼亚州圣地亚哥市的一名 16 岁的高二学生，向人们展现了历史上最壮观的有医学观察记录的长期失眠状态。吉尼斯已经不再跟进这种记录了（太过危险），但是 1964 年，在官方的持续观察下，这名高二学生维持了 264.4 个小时的不睡眠状态——超过了 11 天。

　　这是高中的科学计划的一部分——希望这部分很重要——而这个计划并不是顺利进行的。第 3 天时，他将街头路标错当成了人行道，而到第 4 天时，他以为他是一名职业足球运动员。根据他的医生的说法，他对质疑他技能的人，态度不太友好。

　　到第 6 天时，他开始无法控制他的肌肉，短期记忆也变得一团糟。当被要求从 100 往回减 7 倒数时，才做到一半，他就忘记了他在做什么。但是最后一天，他仍然可以在弹子球游戏里击败他的一名观察者（有人质疑这名观察者的技能）。除去这些外，在经历了 14 小时的睡眠后，加德纳又开始活蹦乱跳了。

　　班迪·加德纳并没有到达自己不睡眠的物理极限，但是，因为我们观察了一些老鼠，我们知道当你到达极限时会发生什么。

　　研究者曾经强迫一群实验室老鼠进入失眠状态，他们检测老鼠的脑电波，并且在老鼠脚下安装了滚轮，每当老鼠开始打盹就强迫它们动起来。换言之，它们不能入睡。永远不能。

　　2 周以后，老鼠都死了。研究者随即重复了实验，只不过这一次他们试图用除了让它们睡眠以外的其他手段救老鼠。在这次的实验里，老鼠的体温开始下降，于是实验者把它们环境的温度升高了。这并没有帮助。他们看到老鼠的免疫系统开始变差，于是他们给老鼠服用抗生素。这也没什么帮助。老鼠开始变瘦，于是他们给老鼠提供了更多的食物。老鼠最终还是死了。研究者能做的唯一能够救这些老鼠的事情其实非常简单：让它们睡觉。在那以后，它们恢复到了跟原来差不多的健康水平。用一种不太能被理解的说法来描述，那就是失眠在毒害老鼠，而唯一有效的解药是睡眠。

对人类而言，我们可以通过观测脑电波来看到失眠的弊端。如果你很累，你的前额皮质，也就是大脑中控制记忆和理智的部分，就会超负荷运作。它必须更努力地去完成同样的工作，就像一台老旧的计算机在打开一个大文件，这种工作在你感觉良好时，可以轻松完成。你的大脑在你感觉累时无法顺利工作。

到今天为止，科学家能给出的关于睡眠的必要性的百分百确定的唯一原因，就像斯坦福大学睡眠研究者威廉·戴蒙特博士严肃认真不开玩笑地告诉国家地理频道的那样："我们睡觉，是因为我们困了。"

但是这一点可能在改变。新近的研究可能给这个议题带来了新的视角。

在对老鼠和猴子（没有人类）的观测中发现，睡眠看上去更像是一种大脑洗碗机似的存在。

当你清醒时，你的大脑细胞产生了有毒害的垃圾蛋白质，这种东西会留在那里并且损害大脑的运作[1]。要把这些有害物质清理出去，你需要脑脊髓液来清洁你的大脑细胞，并且带走垃圾物质。不幸的是，脑脊髓液在你清醒的时候是不流动的。当你起来时，你的大脑细胞变大了，于是这些细胞之间少了许多活动空间。这意味着脑脊髓液被卡在了交通堵塞里，而有害物质还在原来的地方，并且越来越多。

一旦你睡着，你的大脑细胞医生和你的脑脊髓液就会开始运作，像午夜时的高速公路一样。这些液体冲进你的大脑里，把正在污染你大脑的有害物质带走。当你醒过来时，你的细胞感觉很好，很干净，并且做好了深思生命意义的准备，或者可以决定你想吃鸡蛋还是麦片了。

如果这个理论是真的，那么它解释了为什么思维功能会在你困倦时跟不上，为什么不睡觉最终会杀死你，以及为什么老鼠在被强制失眠的时候固执地拒绝活下来。仅仅是因为坚持保持清醒的状态，你就是在污染你的大脑，而大脑似乎非常讨厌变脏。它迫切地需要睡眠，就像你在试图熬夜通宵学习但是又没能做到时经历的那样。大脑需要睡眠，迫切到了这个程度，那就是很多人死于缺水、寒冷、缺少食物，但是医学史上还从来没有人能够达到拒绝睡眠到死亡的程度[2]。这种冲动貌似是根本抗拒不了的。

进化好像给了你睡眠的能力，而且它还确保了你会使用这种能力。

每年，差不多有 1500 人死于因司机的大脑自动进入了一种无意识状态而引发的汽车事故，尽管这些司机都很清楚自己正在控制一台 1 吨重的机器，以每小时 60 英里的速度移动。而这只是开始而已。火车、飞机和工业上的事故，一直到切尔诺贝利核电站的事故，都被归因于打瞌睡。如果你正在驾驶火车或者汽车，打瞌睡是很危险的行为，因为它可以导致 30 秒或者更少时间的无意识的轻度睡眠。轻度睡眠根本无法抗拒，而出入这种状态简直可以说是无缝衔接，你可能根本意识不到它已经发生过了，当然了，除非你在一条深沟里醒过来。

睡眠可能是唯一的如此强烈的人类需求，强烈到你不可能在追求它的过程中死掉。唯一测试你大脑的抗睡眠能力的方式，是像对那些不幸的老鼠那样，给你做一个更大版本的残忍机器。我们不推荐这么做，但是如果你这么做了，那么大约在踩踏这个折磨你的机器长达2周以后，你会出现幻听、一个想法只能记几分钟等症状，也许还会觉得你是一名职业足球运动员。随后，大脑的细胞会变脏，并跟随你一起死掉。

～～～～～～～～～～～～～～～～～～～～～～～～～～～～～～～～～～～～～～

【1】睡眠时产生的有害物质的一种，叫作β－淀粉样蛋白，它的存在跟阿尔兹海默病和痴呆联系紧密。

【2】有一种很罕见但是极致命的病，叫作致命性家族性失眠症（fatal familial insomnia，FFI），它让患者无法睡眠，但是看上去是它对大脑造成的伤害杀死了患者，而失眠只是一个副作用。

你被闪电
击中

.............................➤

1978 年 4 月 2 日，一颗被设计出来用于发现核弹爆炸的船帆座间谍卫星发现了核弹爆炸的信号。好像是有人给纽芬兰旁边的贝尔艾兰的矿业小社区投掷了一枚核弹。对军方分析者来说，这貌似有些不太可能——纽芬兰不像是冷战会全面开始的地方——然后，在打了几通电话以后，他们确认那个矿业社区并没有变成一片废墟。

那么发生了什么呢?

船帆座卫星会忽略掉闪电，因为核弹引起的光芒要明亮得多。但是卫星并不能过滤掉超级闪电——这种闪电的打击力如此之强，以至于它们可媲美核爆炸的冲击力。贝尔岛受到的攻击就来自超级闪电。人们可以在 30 英里之外听到它，它还留下了一个 3 英尺深的坑、一些毁坏的房屋和数台爆炸了的电视机。

超级闪电是什么? 普通的闪电来自云的底部，离地面只有 3000 英尺。而发生概率只有百万分之一的超级闪电，来自云的顶部——离地面有 30000 英尺——而且因为它需要更多伏特的电压来走这么远，超级闪电比普通的闪电要强 100 倍 [1]。

超级闪电非常罕见，而且大多数时候，会攻击到水面上，所以留下的第一手记录并不多：1838 年，超级闪电击中了罗德尼号的 800 磅重的船桅，并且"立即将它变成了碎片"，弗兰克·莱恩在《元素的愤怒》里是这样描述的；1959 年 4 月 2 日，超级闪电出现在了伊利诺伊州的利兰，在玉米地里留下了一个 12 英尺深的坑。

那么如果你特别不走运，站在一片看上去尤其不祥的雷云下面，这片云开始在离地面 30000 英尺的地方聚集电力，然后会发生什么？你也会变成碎片吗？

可能会。但是确切地回答，取决于闪电是如何击中你的，以及它传输了多少电量。甚至连普通的整个胳膊宽的闪电，都可以在彻底穿透你的情况下，让你的下场跟罗德尼号的船桅一样。但是它们通常不会彻底穿透你，甚至在直接的正面打击时都不会，因为闪电一般袭击受害者时，只使用了它的部分能量。一些人甚至在受到直接打击以后仍然活了下来，因为闪电"包裹住了他们"，而不是直接穿透了他们的身体。

被闪电包裹住，听上去好像是致命的打击，但是如果你被闪电击中了，你能活下去的最好情况就是这种——如果你全身湿漉漉的，也是有帮助的。电的活动，总是沿着受到阻力最少的路线走，所以如果闪电击中了你，而你全身湿透，那么这个路线可能就是你的皮肤的外层，闪电就不会穿透你的身体，它也会立即给你周身的空气通电。而在这个瞬间，它可以把这些空气变成一条更好走的路线，所以它不太可能会穿透你的内脏[2]。这叫作闪络效应。一些被闪电击中的人昏了过去，醒过来时全身赤裸，因为他们皮肤上的水被瞬间蒸发掉了，这个过程把他们的衣服从身体上扯了下去。

一次闪电攻击和一次家庭环境内的典型触电死亡，其中最主要的区别之一就是闪电通过你的速度——通常只需要 8 到 10 微秒。在一次普通的因为把叉子插进了电插座里的触电死亡里，触电的时间和你的心跳并没有那么重要，因为电流会持续很长时间。在闪电攻击里，闪电具体什么时候通过你的心脏，可以救你一命或者杀死你。如果你不走运，它会在你的心脏收缩之前击中你。如果电流在这个瞬间通过你的心脏——这个瞬间只有十分之一秒——它很可能会让你的心脏进行纤维性颤动，没有一台除颤器（通过电击心脏控制心肌运动的机器）的话，这意味着死亡。

但是就算你很幸运，电击是在心脏收缩之后才到来的，你仍然处在危险之中。超级闪电可以把整个小镇的电线线路分布都打乱，就像贝尔岛上发生的那样。想象一下它可以对你的身体上的线路做些什么吧。你的大脑靠着十分之一伏特的电信号运作。电击可以过度刺激你的中枢神经系统，暂时麻痹你的大脑，让你进入无意识状态，并且可能会打乱你的脑干的活动，而这个区域在提醒你呼吸。如果它的活动被打乱了，你就会忘记呼吸[3]。即使你没有被直接击中，这种情况也可以发生。

你要怎样避免这些令人不快的情况呢？在暴风雨中，站在树下是个很糟糕的处理方法[4]。闪电可以击中树，到达地面，然后把树周围的整片区域都变成一个电盘子。这对你很不利，因为你几乎就像是有盐分的水，而含盐的水比地面上的水对电的抗拒要弱，那么你就变成了更好走的路线。

闪电会从你的一条腿进入你的身体，再从你的另一条腿出来，攻击你的身体系统，并且刺激你的腿部肌肉，逼迫你跳起来。电流也会在通过时刺激并毁坏细胞壁，这个过程叫作电穿孔。它可以创造出一条高速公路，让死亡的细胞通过，这对感染来说简直完美。好消息呢？至少电流不会通过你的脑干，所以你还能记得如何呼吸。

当超级闪电击中罗德尼号的船桅时，它飞速蒸发掉了船桅上的每一滴水，以极快的速度把水分子变成了气体，并把船桅炸进了海里，"好像木匠把他们的碎片扫到了甲板上"，莱恩是这么描述的。

如果你被超级闪电直接击中，大多数电很可能会从你的身边经过。然而，超级闪电足够强烈，即使大多数电从你的身边通过，剩下的电也足以让你的心脏停止跳动，并打乱你的大脑节奏。换言之，你会死掉——你只是不会爆炸而已。

但是如果你特别不走运——让我们假设你做了一个愚蠢的决定，把一根金属棒举得很高——而你接收到了一次完全的、晚餐盘子那么宽的闪电的攻击，你的下场就会跟罗德尼号的船桅一样。电会穿过你的多汁的血管和器官，以比你站在太阳表面接受的还要多的能量将你加热，把你的体液全变成蒸汽，并且把你炸成碎片[5]。

　　船帆座卫星会发现这次打击，也许几位科学家会赶过去，以确保没人引爆核弹，但是他们能发现的，只有一些坏掉的电视机、几个恼火的邻居，以及一些分布均匀的人体残骸。

~~~~~~

　　【1】云朵是如何产生电的，我们至今仍然无法完全理解这一点，但是我们认为，这跟冰和水在风暴云里上上下下地运动有关，这种运动会产生静电，就像很多羊毛小袜子在地毯上摩擦时产生的一样。

　　【2】如果你感到静电出现了，比如说你胳膊上的毛发竖了起来，或者你周身的空气开始噼啪作响，你得很快找到掩护物。钻进一辆车里是最佳做法。车的金属外壳是闪电的终极抵抗物。电流会在车的外部流动，而不会彻底进入车内。

　　【3】这就是为什么闪电打击后的心肺复苏术如此重要。脑干自己可以恢复原状，而你会再次开始呼吸，但是这需要花一些时间，你并没有这么多时间，除非有人帮助你呼吸。

　　【4】另一个糟糕的做法？躺进一条沟里。电会在地面上活动，走弧线穿过你的身体，到达沟的另一端。站在小山洞里也不行，因为弧线问题。你需要找到一辆汽车，钻进去。

　　【5】甚至连一般的闪电都可以穿过你的皮肤，加热并破坏掉毛细血管，并且创造出名叫"闪电花"和"皮肤羽化"的蚀刻图形。

你在世界上
最冷的浴缸里洗澡

我们都曾经一不小心洗了一个太冷的澡，但是如果你把事情搞砸了，一切失去了控制，而你在世界上最冷的浴缸里洗澡，会发生什么？也许水管工不知怎的犯了一个错误，把冷水管道里的水变成了液氦——这种世界上最冷的液体，让我们假设一下，你并没有先把一个脚趾放进去试试，而是直接跳了进去。

这种事几乎发生在了几位科学家身上（好吧，情况并非如此，但是很接近了）。在瑞士的那台巨大的粒子加速器——大型强子对撞机（LHC）重新开始向公众开放展览的 9 天后，一个连接处坏掉了，而 6 吨的液氦被倾倒进了隧道里[1]。当时没有人在隧道里，这真是纯粹的好运。如果有科学家在里面的话（前方高能剧透），他们肯定会像电影《终结者 2》里的大反派一样被冻住。

氦是一种气体，你可能是通过派对上用的气球而熟悉它的。而液氦的温度在零下 452 华氏度，只比绝对零度高一点点而已。

如果你的浴缸里充满了液氦，其中一些液体会升温，变成气体，而 1 磅重的液氦可以产生 100 立方英尺的气体氦。这会取代不少的氧气。

所以，一旦跳进去，你的叫声可能就会变得非常尖锐。那是因为声音传播的速度，在氦气里比在空气里要快 2 倍多，而你的叫声听上去像什么，这取决于声音如何在你的嘴巴里回响。在氦气里，声音弹跳得更快，而你的声音会高 8 度。

所以，你听上去会很好笑。

当然了，还有寒冷的问题，但是在你跳进去以后的至少几秒内，你可能会惊讶于你所感受到的痛苦之少。那是因为莱顿弗罗斯特现象（Leidenfrost's phenomenon）的存在。当你进入极冷的液体里时，你温暖的皮肤会马上将接触到它的液氦变成气体，这会在极冷的环境里将你隔离开。莱顿弗罗斯特效应就是这个原理，你可以将你的手放进液氦、液氮或者液态铅里却丝毫不觉得痛苦，只要你的速度够快。

我们还不是很确定这种效应的持续时间，但是你可以预计在至少好几秒的时间里，相对来说，你感觉不到什么痛苦。

最终，你的皮肤会变得足够冷，此时它就无法继续将液氦变成气体了，而液氦会接触到你的皮肤。这时候，痛苦就开始了。

你有两种感应器，它们负责告诉你，你觉得冷。一种告诉你寒冷的感觉——它会在温度下降到 68 华氏度时开始活动；另一种告诉你冻僵的感觉，这是一种信号，你将其理解为疼痛。这种冻僵的神经在你接触到任何低于 60 华氏度的东西时开始活动。温度越低，你感到的疼痛越剧烈。

不必多说，在液氦里，你会跳过寒冷的神经，直接让冻僵的神经活动起来。但是除了这种痛苦以外，你还会面临另外一个麻烦：窒息。

你吸进去的所有氦气不仅会让你的尖叫声变得好笑，而且会取代氧气。氦气没有毒，这也就是你可以在派对上从一个气球里吸氦气的原因。然而，在目前的这种情况里，它会取代足够多的氧气，让事情变得致命起来。而且因为你的身体只能鉴别出血液里二氧化碳升高的水平，而不能感受到氧气的减少，你会意识不到出问题了。随着你进入浴缸，你只剩下 15 秒的清醒时间，之后你就会昏过去[2]。

在你因为感到疼痛而发出第一声高频尖叫和因为缺少氧气而昏过去之间，大概有 10 秒的空窗期，你可能会注意到液氦发生了一些好玩的变化。

众所周知，液氦当然非常非常冷，但是它同时也是被称为超级液体的那群液体中的一种，因为它好像有一些超能力。

首先，它的摩擦力非常小，如果你搅拌一缸液氦，100 万年以后才回来查看，会发现它的一部分仍然在旋转[3]。它也可以爬墙。它如此之轻，摩擦力如此之小，以至于如果你把它倒在玻璃上，它会沿着玻璃一直往边缘爬，并且滴在你的手上，这也意味着，如果浴缸里的液氦到了你胸口的位置，它会一直爬到你的脖子上。

你的脖子无法抵御超级液体。它几乎不绝缘，而且它还负责运输血

液。即使你没有因为缺氧而昏过去（比如说你有一个氧气瓶），液氦也
会把你脖子里的血液冻成冰柱子。你的大脑需要血液来运作，一旦血液
被卡在了动脉里，它就无法得到血液，所以会停止运作。

　　甚至在你死了以后，你还会继续被冻住。很快，你就会变得像岩石
一样僵硬，就像电影《终结者2》里的大反派那样——是的，如果有人
对着你那冻僵的尸体开一枪的话，你的部分身体会变成碎片。

　　面对超级液体时，比起《终结者2》里的情况，你确实有一些优势。
因为金属是绝佳的导热体，甚至在终结者只有脚被这种液体盖住了的时
候（在他的情况里，是没那么冷的液氮），他的整个身体都被冻住了。
你的肉则是好得多的隔热材料，所以如果你只把你的脚放进浴缸里，你
的头部是不会变成冰的。

　　然而，跟终结者比起来，你也有一些劣势。那就是，一旦他的身体
被解冻以后，他又能活蹦乱跳了。你则不能。

　　最终，液氦会蒸发掉，而你会解冻，而解冻的过程会杀死你的细
胞。这一点，就是低温实验室里的大脑面临的问题（好吧，问题之一）。
如果你被缓慢地冻住，你细胞里的水分会变成类似雪花的矛，这些矛会
摧毁你的细胞。然而如果你被飞速地冻住，比如说在一浴缸的液氦或者
低温实验室里，你就能跳过那种水变成矛的状态，你的细胞就不会受到
永久性损坏。

　　对你以及低温实验室里的那些大脑来说，不幸的是，没有办法飞速
地从冻住的状态，转化成解冻的状态，所以在恢复室温的过程里，你的

细胞里还是会出现那些矛，然后死掉。

损坏的细胞就是死掉的细胞，而细胞一旦死掉就无法重生——所以，跟终结者不同的是，你没法复活。

~~~~~~

【1】这次事故非常壮观。能够供给一座小城市的电能被不小心接入了连接处的金属部位，马上将金属蒸发掉，而产生的爆炸将一块重达 10 吨的磁铁移动了超过 1 米。

【2】为什么你的身体只能识别出 CO_2（二氧化碳）而不是 O_2（氧气）？ O_2 被识别出来的量从化学上看，比较模糊。但是你血液里的 CO_2 会增强酸性，而无论是在你的体内还是在化学课堂上，识别出酸性都很容易——所以进化可能选择了这条好走的路。

【3】我们在此讨论的是冻死，如果不是这样的话，我们会说说液氮所具有的超低摩擦力让滑倒摔死变得很容易。

你在
外太空里跳伞

历史上最高的高空跳伞，是由艾伦·优斯坦斯于 2014 年 10 月在新墨西哥州完成的，当时他从 29.5 英里高的地方跳了下来。他的降落速度高达每小时 822 英里，比声速还快，并且发出了地面上可以听到的声爆。然而，艾伦并不是从太空往下跳的——从太空跳的话，离地面的这段可怕的任务线有 62 英里高——他没有选择这样跳，有好几个好理由。但是让我们假设你不听劝告，决定为世界高空跳伞创造一个新纪录。并且因为你决心让你的纪录很难被别人打破，你使用了一个跳板，以离地球 249 英里远的国际空间站为起点跳了下来。

开始时，你需要一身太空服和一些氧气来暂时维持生命（如果你没有这些东西，会发生什么，见第 43 页）。你离开空间站时面临的第一个挑战，将是选择你的落地地点。你将会朝地球降落，就像空间站一样，但是也因为像空间站一样，你会以每秒 5 英里的速度侧着降落。事实上，因为你是快速侧身移动的，在你朝着地球降落的时候，你会错过地球。这叫作轨道运行。这有些令人困惑，但是你可以这么想：想象地球上没有山脉，也没有空气的阻碍，我们用一门大炮把你发射了出去，你距离地面 6 英尺高，以每秒 5 英里的速度飞行。地心引力会把你拉下来，但是在这段时间里，你会飞行得足够远，因为地球是个球体，它也下降了 6 英尺[1]。国际空间站也在做同样的事情，只不过高得多。

一旦离开了跳板，你就不需要任何帮助了，可以直接往地球上降落。地心引力已经照料好一切了。你需要的只是减速，这样你就不会在降落的过程中偏离地球了。所以我们给了你一些火箭推进器，来帮助你减速，就像联盟号宇宙飞船在返回地球时用的那样。

随着速度的减小，你会先落到地球之上 62 英里高的那个分界线上。此时，你的速度非常快，快到了 25 马赫。最快的载人飞船的速度是实验用的 X15——基本上就是一个有载人舱的火箭。它最快达到了 6.7 马赫，只不过它没法长时间维持这个速度，因为飞船开始熔化了。

你的速度比它快好几倍。25 马赫并不是人类有史以来最快的速度纪录——阿波罗 10 号返回地球时的速度达到了 32 马赫——但是也很接近了，而托马斯·斯塔福德、约翰·扬和吉恩·塞尔南在这么做的时候，是身处一台有着防热层的机器里。你没有这些设备。

这就带来了几个问题。25 马赫差不多是每小时 19000 英里多一点。当你以这种速度在几乎没有大气的空间站的那种高度飞行时，没有问题，但空气的密度随着你开始减速变高了。

这种减速的过程会很痛苦，因为你面前的空气给你让路的速度不够快。这就出现了很多问题，但是让我们聚焦在以下三大问题上。

第一个问题是重力问题。你在飞快地减速，你的暂时重量达到了4500 磅。美国空军军官约翰·斯塔普证明了，你可以在很短的时间内，承受 46.2 G 的重力，但是在很多秒内承受 30 G 的重力——就像你会经历的那样——则绝对意味着死亡。你身体内柔软的部分，比如你的气管和肺部，都会在重力的作用下变成碎片。

与此同时，你会经历的第二个问题是气流问题。25 马赫的速度下，风吹得如此剧烈，以至于它会让你旋转起来，并将你撕成碎片。当一颗卫星开始减速，并滑出运行轨道时，它并不是完整地降落的，它会分裂成很多部分。但人家可是卫星啊，是焊接过的金属——它的四肢跟主体的连接可比你的结实多了。甚至连石头也会在向地球降落的过程中变成碎片。

第三个问题是热。那么多空气没法以足够快的速度给你让路，就会压缩起来，而压缩过的空气会变热。洛克希德 SR-71 侦察机的机翼能达到 600 华氏度，而它在那时的速度才 3 马赫。

25 马赫时，空气热得足以熔化石头。因为要承受这种热，制造航天飞机使用的是熔点很高的材料，这种材料的导热性不好，用烤箱加热到 2200 华氏度以后，仍可以用手触摸它[2]。航天飞机哥伦比亚号的防热层受损，让压缩过的热空气可以进入飞船里，导致其解体[3]。

你没有防热层这种东西，所以你得忍受这种冲击。热会碳化你的身体，首先是把你的肉烤熟，然后有了足够的氧气时你会烧起来，最后则是在超过了 3000 华氏度的时候将你蒸发掉。

蒸发是另外一种表达，其实也就是你的分子变成了分离的原子，于是你变成了碳、氢、氧和氮的气体。但是最终其实连这种气体的原子都无法承受这种温度。

热会将你的电子从你的原子上分解出来，将你变成一团降落的、发光的等离子体[4]。

好消息是，你最后的形态非常壮观。从地球上看，你像是一团火焰，飞越过天空，在白天也能看到，而且比那些流星明亮多了。

就像一颗常见的流星一样，你的身体没有任何一个部分能够到达地球，至少最初不会到达。你其实会以离子化等离子体的微小部分的形态，从大气层上飘过去。

但是最终，你孤独的原子核会收集可替代的电子，再次成为一个整体，然后散落下来，完成了历史上最高的跳伞活动。

还有就是，因为你的体内有很多原子，在它们有时间覆盖大气层后，至少它们中的一个会出现在每个人呼吸的每一口空气里，直到永远。

【1】这意味着如果地球是平的，你就永远没法绕着它飞行了。而且，每秒 5 英里的速度比任何子弹都快，但是在月球上你只需要每秒 0.7 英里的速度就可以绕着它飞行了，这个速度比斯威夫特步枪的子弹慢。所以如果你用这种步枪朝月球开枪，子弹会绕着月球飞行，最后打进你的后脑勺里。

【2】YouTube 上有演示视频。

【3】保护飞船的超冷燃料箱的泡沫在发射时会掉落，这会给防热层留下一个洞。当我们创建出新的太空交通系统时，就不必因为要解决这个问题，而把燃料箱设计得比飞船高了。

【4】抱歉，我们觉得你的残骸不会留存下来。超过 2 吨重的降落到地球上的冰块，都会在大气中燃尽，而你比冰的耐受性差多了。

你进行
时空旅行

在大多数历史时期，地球都不是一个友好的地方。要么太热，要么太冷，或者温度刚刚好，但到处都是可怕的捕猎者。但是让我们想象一下，你有一台时空机器，并且你想自己看看地球以前的样子。以下是我们思考的你穿越回去时会发生的事情。

你穿越回 46 亿年前：地球刚刚开始成形，但是还没能彻底完成这个任务。你会踏在一团因为自身的重力而凝聚起来的气体和灰尘里。到处都是垃圾，一些飞得慢的垃圾会弹到你身上，而一些石头的速度比子弹快很多倍。如果你被石头击中的话，石头会打穿你的身体。但是这种可能性很小。真正的麻烦在于，地球仍然是一团巨大的、混乱的太空垃圾，既没有地表，也没有大气。所以你处于真空里——预计 15 秒内你就会昏过去，然后在几分钟内死于窒息。

地球还在建设中——以后再来看看吧。

你穿越回 45 亿年前：现在地球有地表啦！不幸的是，这个地表是由火山熔岩构成的，所以在你窒息之前，你会被活活烧死。还没有坚固的岩石呢，所有东西都是熔化的状态，而且都很热。地球有了大气层，但是大气里没有任何氧气。其实你根本就没时间关心这个，因为你站在火山熔岩里。然而空气里含有很多氢气，所以你发出的最后的叫声，听上去就像是高频的尖叫。

你正好出现在了冥古代。祝你下次好运。

你穿越回 44 亿年前：这次比之前要稍微好一些，因为此时地表已经凉爽下来了。我们发现的最古老的岩石就来自这个时期——所以我们知道至少这时候你有站的地方了。

不幸的是，地球仍然没有臭氧层，不能抵御太阳的紫外线，这意味着在 15 秒内你就会因为吸收了太多的紫外线而被晒伤。

然后还有氧气的问题。简单说来，没有氧气，所以你会窒息。我们建议你屏住呼吸，是因为：一、你可能能够多活一会儿；二、因为空气里充满了甲烷、二氧化硫和氨气——如果你试图呼吸的话，你最后的记忆会是臭鸡蛋的味道。

你穿越回 38 亿年前：现在，在你死之前，你至少能在地球上游个泳了！

早年的太阳系是个混乱的地方，到处都是大块的岩石。地球一直处于被轰炸的状态里。但是这些流星体也带来了礼物，也就是新的气体，它们同地球的地壳里的气体结合了起来，形成了大气，然后有了雨和海洋。到这时候，地球已经将自己的散发臭气的硫黄清理干净了——于是一切才不会是臭烘烘的。

生命出现了，所以至少你这次不会独自死去。地球上现在居住着蓝藻菌。

但是仍然没有氧气，所以你会窒息。如果你实在是不走运的话，一颗流星会击中你，或在从你头顶飞过去时将你烤熟，或在引发海啸时把你淹死。

你穿越回 14 亿年前：终于有可以呼吸的东西啦！小有机体已经在海洋里生活了 10 亿年了，但是最近有个新人带着新把戏出现了。这种不知名的蓝绿色藻类以大气里多余的二氧化碳为食，然后释放出作为副产品的氧气。使用这种叫作光合作用的新技能，藻类获得了巨大的成功，在接下来的几百万年里，改变了整个大气的构成。

不幸的是，其他每一种有机体在原来的大气里都生活得很好。对它们来说，氧气是有毒的，所以在地球的第一次大规模污染事件里，它们差不多都灭绝了。

但是对它们来说的坏事，对你来说是好事。不幸的是，大气里只有 4% 的氧气，除非你是在喜马拉雅山上住的夏尔巴人，否则你能适应的百分比是 21%。只呼吸 4% 的氧气，就像你站在 30000 英尺高的地方呼吸一样，你可以这么做，但是需要训练。所以你得在喜马拉雅山住上一阵子，才能开始这次行程[1]。

如果你能搞定氧气问题的话，河里有淡水可以饮用，不过没有动物可以食用，也没有比藻类更大的植物。除此以外，如果藻类跟它在现代的后裔一样的话（这一点很难确定），它有藻类毒素，这是自然界最强大的神经毒素之一。如果你吃了一些藻类，它会麻痹你的肠道和横膈膜，你会窒息。

换言之，穿越回 14 亿年前的地球，意味着如果你不吃当地食物的话将死于饥饿，如果你吃了的话则会死于窒息。

你穿越回 5 亿年前：你活下去的机会取决于你出现的地方，而你最好出现在海边。还没有生物从海里爬出来呢，所以陆地上荒芜一片，但是海洋里的生物都长势喜人。如果你出现在海岸线附近，你就有机会活下去。

这时候，空气里的氧气足够了，你可以呼吸几分钟，还可以吃有壳的生物。但是在海里要当心：海里有一种大鱼，没有外壳的你对它们来说就像美味的烤猪肉一样。海里还有巨大的水蛭，可以在你的侧身钻一个洞，然后把你的内脏吸出来。

臭氧层仍在创建中，所以你需要带一些工业级别的防晒霜（SPF250 的差不多就够了）和一副太阳镜（你外出的话，UV 射线会在 15 分钟内烧穿你的眼角膜），但是总的来说，你终于有了活下去的机会。

你穿越回 4.5 亿年前：终于有了臭氧层，所以你可以在不被晒伤的情况下出去探险了。海洋生物茁壮成长，河里有了鱼，于是你可以活下去。但是仍然没有比灌木丛更高的植物，所以树荫很难找，而且在陆地上寻找食物很困难。

你穿越回 3.7 亿年前：此时正是泥盆纪晚期——对一个只想活命的时空旅行者来说，这可能是最好的时期。陆地上有了生命，有树荫可以歇脚，可能还有可以食用的植物，而且动物都还小，吃不了你。昆虫要再过 7000 万年才会出现，所以情况很适宜。

但是你需要把握好时机，因为这时候开始变得有些冷了。树木的数量很多，但是还没有任何有机体能够让死掉的树木腐烂，所以它们没法将它们的二氧化碳还给大气。良好的二氧化碳平衡对地球的温度来说很重要——太少的话，会减少温室效应，并且产生"全球变暖"的反面结果——冰河时代[2]。幸运的是，下一次冰河时代还要几十万年才会出现。

我们选择了这个时期：有空气可以呼吸，有食物可以吃，有树荫可以休息，而且还没有蚊子。

你穿越回 3 亿年前：大气里氧气含量的猛增（跟今天的 21% 相比，当时高达 35%）会导致巨大昆虫的出现[3]。我们说的可是像海鸥那么大的捕猎蜻蜓、8 英尺长的蜈蚣、3 英尺大的蝎子，还有巨大的蟑螂。

如果你不是爬虫爱好者的话，这个时期糟透了。

你穿越回 2.5 亿年前：你选的时间很糟。往前 5000 万年或者往后 5000 万年都是完美的时间点，但此时 96% 的海洋生物甚至 70% 的动物都在有史以来最大的灭绝中死去。地球需要 1000 万年才能恢复它的生物多样性。

科学家还不能确定是什么导致了这次灭绝。一个可能的解释是，很多巨大的火山爆发了——爆发后产生的东西叫作玄武岩浆洪流——给印度那么大的一块区域覆盖了一层火山熔岩，并且释放出足够的二氧化碳，改变了大气的构成。

无论灭绝的原因是什么，大规模灭绝带给食物链顶端的生物的打击总是最大的，而那时的你就处在食物链顶端。你找不到东西吃，而如果火山理论成立的话，空气可能都不适合呼吸了。

你会死于巨大火山的爆发，不好意思。

你穿越回 2.15 亿年前：第一批恐龙出现了，在之后的 1500 万年里，它们会在这个星球上来回漫步。对一个相对来说没那么擅长运动的人类来说，这个时期很危险。

还需要 1.48 亿年的时间，霸王龙才能完成进化，但是这并不意味着你就可以离开丛林了。巨大的鳄鱼，叫作波斯特鳄，来回咆哮着，还有一种大型鬣狗形恐龙叫作腔骨龙，它们都很乐意吃掉你。

幸运的是，差不多所有你需要担心的捕猎者都是在陆地上捕猎的。会飞的翼龙对小型动物更感兴趣，所以如果你尽量多待在树上的话，你就有希望活下去。

这一时期有植物和动物群，但是它们跟如今的有区别。比如说，还要过几百万年才会出现花朵，所以一切看上去都有点儿枯燥。

食物方面，你可以抓鱼，用矛捕猎小型动物，然后偷蛋来补充蛋白质——只不过你需要小心它的父母。

有一些植物可以吃，但是食用植物前有一些注意事项。简单说来，就是有些植物是有毒的。所以当你怀疑的时候，遵循通用的食用测试原则，总结如下：一次只吃一种植物的一部分。不要吃得太多，而如果你觉得难受，马上以尽可能快的速度把它吐出来。

如果你跑得够快，留心了当地的食物，并且还建造了一座很不错的树屋，那么你有机会活下来。

你穿越回 6500 万年前：避开墨西哥的犹加敦地区——有一颗巨大的太空陨石朝着这个地区撞过来了。（要知道更详尽的死亡流星的情况，见第 27 页。）事实上，你应该避开这一时期，因为流星最终还是会杀死你，即使你在地球的另一边。

你穿越回 320 万年前：这就是露西的那个时期，她是世界上最著名的智人祖先。我们现在已经知道，我们的祖先已经从树上下来了。这对你来说，既是好事也是坏事。益处是人类可以在这种环境下活下来，弊端是早期的人类可能会杀死你。露西比你矮，但是相对来说比你健壮——在一对一的打斗中，你就像一只重一些的落水狗一样，只能挨打。

更别说你仍然处于食物链的中部，这得感谢长着犬齿、来回咆哮的老虎之类的捕猎动物。露西和她的伙伴可以通过聚居的形式活下来，但是这对你来说不可行。

所以善待你的人类伙伴吧。他们的帮助也许是你活下去的唯一希望。

如果你的时空机器既可以回到过去，也可以穿越到未来，也许你更愿意去很远的未来碰碰运气。除了你常听到的关于未来的畅想以外，我们其实对这一点有一个不错的想法。未来并不是那样美好。以下是你前往未来的各个时期会发生的事情……

你前往 10 亿年后的未来：太阳会以缓慢的速度变热。为什么？随着太阳燃烧着它核心的氢燃料，核反应开始移动到了表面上，表面的爆炸压力小一些，于是太阳就会变大。即使表面的温度变低了，但表面的区域很大，于是太阳照射地球的能量就变多了。

在日常生活中很难觉察到这一点，但是在过去的 1 亿年里，确实有了显著的变化。10 亿年后，地球上的平均温度会达到 115 华氏度（现在是 61 华氏度），那么热的温度会把海洋蒸发掉。

如果 115 华氏度是干热的感觉的话，你能支撑很多个小时，但是因为地球的水都被蒸发了，所以你会觉得极度潮湿。

换言之，地球变成了一个巨大的加湿器，而你只能在此状态下坚持几分钟。

你前往 50 亿年后的未来：太阳变得如此巨大，以至于它吞掉了水星，所以日落的美景十分壮观。不幸的是，你只有几秒的时间欣赏日落。

现在，如果伸长手臂，你可以用你的小拇指的指尖把太阳挡住。30 亿年以后，你需要把一个西瓜举起来，举到最远的位置，才能挡住太阳。50 亿年以后，太阳大到占满了整个天空，这对你来说可不是一个好兆头。

你前往 75 亿年后的未来：也许宇宙里最美丽的景象就是行星状的星云了，这发生在一颗正在死去的恒星发射出气弹，燃烧成一片壮美的、火光四射的景象的时候。

但是就像烟火一样，要观赏行星状星云，最好保持一定的距离，而如果太阳死去时你身在地球的话，你就离得太近了。

很美，但是也很致命。

【1】低氧环境下生物面临的其他问题是，如果你在这次行程中受伤的话，伤口不会愈合，因为你的身体需要能量来愈合，而没有足够的氧气，你没法产生足够的能量，生孩子也变得不可能，因为没有足够的氧气让怀孕的女士可以跟孩子分享。

【2】没有腐烂的树木，现在则变成了我们用以发电的煤炭，所以之前没有释放出来的二氧化碳——造就了冰河时代——现在被释放到了大气里，造成了全球变暖。

【3】有些动物会通过它们的皮肤（也就是角质层）来吸收氧气，所以它们的表层区域跟它们的体积的比例不能太小。氧气变多，这个比例就会变小，结果就是出现了体形有狗那么大的蝎子。

你经历一场
踩踏事故

科幻作家艾萨克·阿西莫夫预计，如果世界人口继续呈指数增长，几千年后，我们将变成一个结实的人肉做的球，以光速朝着外太空扩张。这个理论令人兴奋，但是有一个问题，那就是你在听下一场摇滚音乐会时可能会遇到的问题：踩踏事故。

听到"踩踏事故"这几个字时，你可能想象的是成群的人在四处乱跑，就像非洲大草原上的一群野生动物一样，但是其实踩踏事故并非如此，踩踏事故之所以危险也并不是因为这样。事实上，真正危险的踩踏事故不是发生在人们跑起来的时候——而是在他们根本动不了的时候。

踩踏——更确切的说法是撞击——一般而言更像是因为疯狂而非惊恐，这意味着一群人是朝向他们想要的东西移动的，而不是背朝着他们不想要的东西。如果你被卡在里面，你将面临几个问题。首先是，缺乏信息素。

在稠密的人群里，情况开始变得危险。因为我们作为一个物种，在处理人群活动时有一个问题，跟蚂蚁不同，我们天生不擅长处理这种情况。当蚂蚁排队行走时，一队蚂蚁里最前面的那只可以释放出信息素，来跟后面的蚂蚁沟通。如果前面的路被堵住了，这些信息素可以告诉后面的蚂蚁，要走别的路。

你没有这些信息素。如果有人绊倒了，你没法像蚂蚁那样，告诉后面的人停下来。

大体上看，缺乏群体沟通成了稠密的人群里一个严重的问题。什么样的人群算是稠密的呢？当谈到规模的时候，如果人数足够多，多到可以被称为一群，那么就稠密到可以杀死你了——但是我们后面再谈这一点。更重要的因素是密度。人群密度可以通过每10平方英尺里的人数来测量。

10平方英尺，大概有谋杀案现场警察在死者周身画的那个粉笔圈那么大。在每一个设想中的粉笔圈容纳的人数，在人群里，就是这群人的密度。

如果只有2个人，那就算是密集的人群，但是还是可以行走，只是有些小摩擦。如果这个数字翻倍，那就叫作拥挤的人群——会有很多小摩擦和推挤，但是人们还是可以活动起来。

10平方英尺里有6个人的时候就危险了——你总是在碰到你旁边的人，移动变得几乎不可能。

10平方英尺里有7个人的时候，就像把21个人塞进了一部正常大小的电梯里——就是上下班时间东京地铁里的那种密度。出了踩踏事故的人群，密度一般就是这样的。

在这种密度下，人群的活动不再像是人的活动了，更像是液体的流动。由人构成的强大的波浪从后面往前推，随着更多的人被卷进来以获得动量——这种波浪可以让你的脚离开地面，把你带向他们走的方向。如果你身边的人倒下去了，那么将没有什么可以托住你，你也会倒下去，就像多米诺骨牌那样，旁边的人也会倒在你身上。

如果你正好身处于这样的人群里——通常是宗教庆典、运动会或者音乐会——从友好的碰撞到踩踏，这种转变可以发生得非常迅速。突然之间，你会意识到你无法举起胳膊了，无法逃走，你任由人群摆布。

倒下去自然很危险，但是即使没有倒下去，你也会有麻烦。即使你还站着，从两边卷过来的波浪也可以穿过人群，将你钉在那里，你就受到了来自人群的两个方向的力的挤压。因为人群里的力会升级，这种情况很快就会变得很危险。

一般人通常可以推动的最大的力是 50 磅。如果有 4 个或者 5 个人推你，就像在太挤的电梯里那样，那会不舒服，但是不算危险。在踩踏事故里，人们通常不会以最大的力去推，每个人一般只推 5 或 10 磅的力，但是在上千的人群里，这种力可以升级，可以给你的横膈膜以致命的打击。

你需要将你的胸部扩张几英寸，才可以呼吸。幸运的是，你的横膈膜很强壮。一个健康的人，可以在 400 磅的力压在他的胸部的情况下，呼吸 2 天之后才觉得累[1]。不幸的是，在踩踏事故里，横膈膜可能会受到重压。踩踏事故过后，调查者发现能够承受几千磅力的铁栅栏断成了两截。

我们说过，每 10 平方英尺里有 7 个人的人群就足以致命，但是对整个人群来说，这只是一个平均数字。在踩踏的瞬间，你被杀死的地方，密度可能已经达到了 10 平方英尺里有至少 10 个人。不可能在没有超强外力的情况下，让那么多人用那么大的力气推挤。就像把 28 个人塞进一部一般大小的电梯里一样——只有一两个不情愿的乘客推挤是不可能的。要么需要成千人从后面压过来，要么需要一台推土机。

如果你被人群中两个不同方向过来的力卡住了，或者如果你摔倒了而 6 个或更多的人像多米诺骨牌一样倒在你身上，这就像身处于一部太拥挤的电梯里，而一台推土机正在把人往里推。1000 磅或者更多的力会挤压到你的横膈膜上，而你连呼吸一口气的力气都没有。

想模仿 1000 磅的力压在你胸口的场景，你可以潜入水下 3 英尺的地方，然后试图用一根吸管来呼吸。但是我们帮你省掉这个麻烦吧：根本不可能。在踩踏事故里或者水下，有 1000 磅的力压在你的胸口上，你会在 15 秒内昏过去。如果持续的时间比 4 分钟更久，你会遭受永久性脑损伤，然后死掉。

所以艾萨克·阿西莫夫错了。我们从踩踏事故里知道，没有人可以

假如你跳进
一个黑洞里　　095

在 6 个或者更多的人压在他身上时活下来，所以地球永远都不会有机会变成一个成千上万人做的球体，以光速朝着太空扩张。

　　这堆人的层数永远都不会大于 6。

【1】我们之所以知道这个，是因为 1692 年在美洲殖民地，贾尔斯·科里被指控操纵巫术，并且以 400 磅石头压胸口的方式被执行了死刑。过了 2 天他才窒息而死。他的遗言是："再多弄些石头吧。"

你跳进
一个黑洞里

··▶

　　天体物理学家尼尔·德格拉斯·泰森相信，跳进一个黑洞里，是在外太空最壮观的死法。考虑到在太空里寻死有好几种方法（其实在太空寻死也就那几种方法，真正了不起的是找到一个地方活下去），这就说明了一些问题。

　　所以，黑洞究竟是什么？简而言之，以下是黑洞产生的过程。

　　1. 一个黑洞开始的时候，是一颗比我们的太阳大 10 倍的恒星。

　　2. 最终，这颗恒星会燃尽自己的燃料。这需要很久。

　　3. 这颗恒星里没有了任何核反应以后，它就无法抵抗自己的重力，而外壳会以四分之一光速坍塌。

　　4. 如果你正好观察到了这种坍塌，你需要逃跑。外壳的冲击波需要几个小时的时间，才能撞击到铁做的核心并且震回恒星表面。一旦这个情况发生了，恒星会爆炸，在爆炸的瞬间释放出相当于银河系里 1000

亿颗星星的能量。

5. 在爆炸以后，恒星的残余部分会因为自身的重力而坍塌，剩下的东西非常小（大概有旧金山那么大），但质量巨大（比太阳的质量大 5 倍）。它的引力非常大，它的逃离速度比光速还快。这就是黑洞。

所以，如果你跳进去，会发生什么呢？

首先，你必须清楚你跳进去的这个决定是最后的决定。因为如果想要从黑洞里出来，你必须跨越黑洞表面，而要这么做，你必须比光速还快，这是不可能的。

到目前为止，我们建造过的最快的工具是没有载人的太阳神飞船。它在绕行太阳时，可以达到每小时约 157078 英里的高速，但是这只是光速的 0.0002 倍而已。除非你可以找到一个比爱因斯坦说的可能的速度更快的方法，否则你将不可避免地死在黑洞里。

然而，你将如何死去，取决于你跳进去的黑洞的类型。你的第一选择是跳进一个小型的恒星型黑洞里。

以下是会发生的情况：一旦你的脚离开了太空飞船，你就会以自由落体的方式向黑洞里降落。但是，这跟一般的自由落体不一样。当你到达这颗恒星型黑洞的表面的时候，你的速度比光速低一些，差不多有每秒钟 186000 英里。

有趣的是，你会没事。通常说来，我们不推荐你以光速在太空里行动。但是其实速度和加速度并不危险，麻烦在于撞到东西。即使很小的粒子也会在你速度那么快的时候带给你大问题——而太空可不是完美的真空。太空里到处都是氢原子，在你以接近光速的速度移动时，它们会像能够摧毁原子的子弹一样击中你。氢原子会穿透你的身体，摧毁你的原子的核心，这是致命的。

大多数黑洞，四周都围绕着纯净的真空，所以你不会因为撞击到太多氢原子而死掉——只是你得确保你跳进去的这个黑洞不是一个乱糟糟的、四周围绕着旋转气体的黑洞。

如果选择正确的话，你加速到接近光速的那段时间会过得很愉快。但是随着你逼近黑洞，你会感觉到你的身体开始拉伸，因为重力急剧增大，拉扯着你的头部的力（假设你像一根矛一样朝着黑洞飞去），会比拽你脚部的力要大，这就会把你的头向着远离你的脚趾的地方拉扯。

一开始，这种拉伸感觉还不错，就像脊椎推拿按摩师在温柔地给你做治疗一样。然而，这很快就会变得不舒服起来，你可能会开始意识到你有麻烦了。

你身体上的这种"潮汐力"最终会把你扯成两半，就像你被绑在两列方向相反的火车上一样[1]。一开始你会从你最脆弱的地方被扯成两半，就是接近肚脐眼的地方，这里有你的脊髓和一些柔软的肉。你的下半身没有什么重要器官，而流血致死需要花上一阵子，所以你还活着。至少当时还活着。但是潮汐力会随着你继续往中心走而增强，于是你又会被拉扯开。之后还是一遍又一遍的这种拉扯。你的身体会继续分裂，直到你只剩下一颗头，朝着奇点飞去。头部最后也会分裂成碎片。

这些变化会发生得特别迅速。得有人拍摄下来，然后用慢镜头回放，才能看到发生了什么。裸眼看的话，你就只是消失了。

　　但是事情会变得更糟。黑洞的重力不仅会拉伸你的身体，还会塑紧它，就像一件终极塑身衣一样挤压你。最终，引力会比你体内的化学键更强，于是重力不但会把你的身体分裂成碎片，还会把你的分子分裂开——把它们分解到你只剩下一群飞向奇点的原子的状态。

　　黑洞不允许光逃逸，所以没有办法知道那个假设的奇点看上去是什么样子的，也没法知道你在里面是什么样子的。然而，无论你在黑洞里的什么位置，无论你的形态如何，我们知道你最终的落脚点。黑洞会逐渐释放出霍金辐射，直到它彻底蒸发掉。所以过几百亿年以后，你的残余部分会以一些辐射光子的形式，重新出现在黑洞表面[2]。

　　但是我们倒回去，让你可以改变主意。我们假设你没有跳进一个小型黑洞里，而是跳进了一个超大的黑洞里。很遗憾，你注定还是会死，但是这次情况会变得有趣起来。

　　因为这些超大黑洞的重力增加得慢一些，你其实在越过黑洞表面以后仍然活着。在那以后会发生什么，至今仍是个谜。因为光无法从黑洞里逃逸出来，所以没办法知道里面会发生什么。我们没法看进去，因为光无法反射出来，而任何进入黑洞表面的探测仪都会消失，再没有信号出来。

　　但是我们可以推测。你的死法可能会是这样——被黑洞中心的奇点的潮汐力拉伸，拉得像意大利面一样。但是因为你在进入表面以后还活着，你最后的活动会有些不同。你可以看到飞船上的你的朋友，只不过你的视野不太好。所有东西看上去都是扭曲的,因为不仅是你会在黑洞里受到挤压和扭曲,光也是如此。所以往外看银河系,就像从一个舷窗里往外看星星,或者从水下看世界一样——恒星和行星都被压缩进你的隧道视野里了。

然后你才会死掉(被拉伸成意大利面,并且被挤压得只剩下亚原子粒子)。

【1】中世纪时,这叫作"四马分尸",他们使用的不是火车,而是马。但是马没有黑洞强大,所以有时候没法把一个人的身体分裂开来——需要刽子手用斧头帮忙。

【2】事情在这里变得复杂了起来。我们之前说过,你没法从黑洞中逃离,除非你的速度比光速还快。这是真的。感谢爱因斯坦,我们也知道了有质量的物体的速度没法比光速更快。所以我们现在面对着一个矛盾的说法。你要怎么以辐射的形式逃离黑洞?答案是:跟你把文件从闪存盘上拷贝下来的方式一样。闪存盘上的电子储存在能量井里,它们以量子机械过程,进入并离开能量井,这个过程叫作隧道穿越,它们从能量井内消失,然后出现在外部,并没有穿越两者之间的空间。同样,黑洞内的粒子可以消失,然后重新出现在黑洞以外,不用穿越黑洞表面。所以坏消息是,如果你跳进一个黑洞里,你的原子会被切碎。而好消息呢?你会学会瞬间移动。

你在泰坦尼克号上，但是没能坐上救生船

我们假设你是 1912 年登上泰坦尼克号参加首次航行的那 2200 多名幸运者中的一名。你愉快地交了 300 美元（现在的价值）的三等舱船票钱，获得了在欧洲精英的楼下两层的舱位，乘船去美国。

就像你听到的那样，这趟旅途糟透了。

一旦船撞上了冰山，乘客有 2 小时多一点的时间去找救生船，而救生船的数量不够。在三等舱，不到一半的女性活了下来，而只有 16% 的男性活了下来[1]。在三等舱，你可能都没法找到救生船，你会直接沉进北大西洋里。然后会发生什么？

海水里的盐可以使水温降到冰点以下。在泰坦尼克号沉没的北大西洋，水温是 28 华氏度，而且因为水可以通过其高密度，极其高效地令你的体温下降，那么你其实就是在世界上最危险的地方之一游泳。你会跟比几分钟前泰坦尼克号的甲板上密度高 800 倍的水分子接触，这意

味着你在 28 华氏度的水里，比在 28 华氏度的空气里，体温下降要快 25 倍。

对于这种急速的降温，你碰到水的第一反应是喘气。如果你的头部在水面以下的话，你可能会面临水进入你的肺部的危险，不管水温如何，这种情况都很危险，所以你需要在一开始时就让头部露出水面（如果你能的话，接下来的时间都应该这么做）。

你的第二种感觉，比起寒冷来，可能是头疼。人生早期的教训之一就是头疼。当你喝下第一口奶昔，可能喝得太快了，然后觉得脑袋被冻住了。或者至少感觉如此。其实真正发生的是，口腔内部顶上的一根神经被冻住了。此时，你的大脑会有反应——或者更恰当的说法是，会过度反应。它觉得是你的整个头部都被冻住了，于是它向自身传输特别热的血液，这会引起大脑的膨胀，导致一个尺寸问题：大脑太大，而颅骨太小。结果就是让我们感到像猛吃冰激凌那样的头疼。

当你一开始接触海水时会发生这种情况（尽管在这个事件里，你的大脑不是因为被骗而产生自己被冻住的错觉，它确实被冻住了）。你的大脑会接收到一股温暖的血液，膨胀起来，然后带给你剧烈的头疼。随后，你会在接下来的 30 秒里，在这种冷水的冲击下开始大口呼吸。

长时间的大口呼吸会把二氧化碳从你的血液里赶出去，血液的酸性会下降。如果你的血液的酸性下降到太低的程度，你会昏过去，并且在无法游泳的情况下失去意识。

如果你能保持清醒，你将经历的下一个阶段是肌肉痉挛——也叫作颤抖。颤抖是你的身体在尝试通过活动肌肉而变热。基本上，如果你不打算运动起来，你的身体会自己动起来。不幸的是，颤抖会让肌肉不受控制——无法协调活动。这在你等着自己家里来暖气时不要紧，但是在冰冷的海水里，你需要你的肌肉帮助你脱险，当它们不受控制地扭曲并抖动时，你就没法轻松地控制它们了。

海水的冲击和你的颤抖都是过度反应的一部分，是你身体的"要么战斗、要么逃跑"的失控反应，这种反应是为了帮你活命。通过训练之后，你可能可以抑制这些反应，但是即使你训练好了自己来控制身体不要过度反应，还是会有几种你无法避免的生理上的变化。

首先，你的动脉会收缩得很厉害，你的心脏将不得不超负荷运作，以便于强迫血液通过动脉。与此同时，你的大脑会重新制定优先级，将温暖的血液从你的四肢抽出来，让它们流向你的重要器官。

你的四肢会感到麻木，因为你的肌肉和神经末梢在常温下的运作情况最好。随着你的神经变冷，你的肌肉会失去力量，你的四肢会失去感觉。基本上，你的脚趾会冻僵，因为你的大脑不管它们了。

你的手脚感到的麻木会越来越严重，所以在零下的温度里度过了15分钟以后，你的胳膊和腿会失去感觉。这对游泳来说很不利。大多数死在冷水里的人，并不是死于体温过低，而是淹死的。这也就是你在没有救生衣的情况下会经历的。

好消息是，如果你能浮起来，你就能撑过很长一阵子，长得令人惊讶。即使是在冰冷的海水里。

这是因为，不仅你的身体是很好的隔热体，你还很擅长收集热量。现在，你正在使用这种加热器，让你的核心体温维持在 98.6 华氏度。一旦你进入冰水里，这个数字就会开始下降，但是会比你想象的下降得更慢。你有 30 到 60 分钟（具体取决于你的隔热程度）的时间，体温才会下降到 90 华氏度。此时你会失去意识。这对游泳来说很糟糕，但是假设你有能让自己浮起来的东西，而你的头部在水面上，你就仍然可以活下去。

在落水 30 分钟后，你的状态就超越了体温过低的限度。再待久一些，情况就会变得危险。45 到 90 分钟内，你的身体会降温到 77 华氏度，你会得心脏病。通常，这意味着你会死掉。但是在这种情况下，你可能仍然有活下去的机会。你的心脏有些像电量不足的汽车——可以发动起来。你真正需要担心的是你的大脑——一旦它失去了所有的电信号，那它就没救了，而且因为一些不好理解的原因，你的大脑细胞在它们感到冷的时候，并不需要很多氧气。

每当人们接受高风险的心脏手术时，医生会先让病人的体温降下来，作为安全措施。如果出了问题，而病人的大脑不再获得氧气，这种降温会给医生更多的时间去处理问题。低温下，你的大脑可以在长达 20 分钟没有氧气的情况下维持不死的状态。而在普通情况下只有 4 分钟。

从冻僵的状态下恢复正常的纪录保持者是安娜·巴根霍尔姆，这名瑞典滑雪者从薄冰上掉了下去，困在了水里。安娜找到了可以呼吸的地方，但是在冰水里待了 40 分钟后她心脏病发作了。到她获救的时候——在心脏停止跳动又过去了 40 分钟后——她的体温低至 57 华氏度。但是在 9 个小时的急救后，她又恢复了正常。

所以寒冷可以在一开始时杀死你，但是最终也可以救你一命，而这就是为什么医生说，除非你温暖的身体死去，否则你永远不算死掉了。

【1】这次旅程的头等舱票价虽然很高（相当于如今的 2000 美元），但是很值：头等舱的约 97% 的女性和约 32% 的男性都活了下来。

本书
杀死了你

　　坐在那里阅读本书的你，可能没有想到自己的手中正拿着杀伤性武器。你可能觉得，没有比你手中的这本书更温和的东西了，但是你错了。如果你正确使用本书的运动、化学和核方面的能量，它就可以毁掉你、书店以及你所在的这座城市。你该如何将本书变成一件可怕的致命武器呢？让我们先从本书的运动方面的能量谈起。

　　扔书不够致命。即使你是在帝国大厦的楼顶上阅读本书，它产生的速度也没法造成任何损失[1]。它的最终加速度只有每小时 25 英里——比你直接投掷还要慢。但是我们先来劝劝你，扔书也没用。速度在每小时 50 英里的书，可能会伤人，但是绝对不够致命。

　　但是如果你从大炮里把它发射出去呢？

　　速度达到每小时 100 英里时，本书砸到你的力，基本上相当于一个棒球砸到你，这会弄疼你，但是很可能不会杀死你（尽管速度达到每小时 100 英里的棒球曾经杀死过人）。那么让我们继续升级。

本书以声音传播的速度砸到你时，会穿透你的皮肤，将你击倒。如果它砸到你的胳膊或者腿的话，你可能会活下来，但是如果砸到你的胸部，冲击波会影响到你的心跳，并且杀死你。

如果我们将本书的速度增加到 10 马赫，它击中你的能量，相当于速度在每小时 100 英里时的 5000 倍。书会压缩并加热它前面的空气，所以它飞向你时，就像一个 3000 华氏度的炙热的火球。不幸的是，它还没来得及烧完。如果你把书留在那里的话它会烧完——确实足够热了——但是它并不是好好待在那里。它是以声速的 10 倍速度飞向你，所以它还来不及烧完，就会像一枚 3000 华氏度的纸做的炮弹一样嵌入你的胸口。

但是还可以更快。人造物体的最高速度可达 200 马赫。要把书加速到这个速度，你需要建造一门巨大的土豆加农炮，还要有原子弹作为辅助[2]。在这种速度下，本书作为一个等离子球体，以每小时 150000 多英里的速度飞向你。它从纽约飞到旧金山只需要 1 分 12 秒。如果它击中你，你的身体会碎裂开来，跟着书页一起化为碎片。

这是运用本书的运动方面的能量，但是要带来更多伤害，你应该好好使用它的化学能量。

用一根火柴点燃它，只能温暖你的双手。但是这并没有好好利用本书潜在的化学能量。最佳做法是像测量一个糖果有多少卡路里的科学家一样，将它引爆。

科学家测量食物中含有多少卡路里时，需要将食物脱水、碾碎，然后把它放在一个充满纯氧的铁制容器里，再用火花点燃。爆炸的能量就是食物所含的卡路里数值。

本书含有 1600 大卡的能量[3]，几乎就是 1 天的食物所含的能量，如果你是一只白蚁，可以消化纸类的话。你把书碾碎，将碎屑放进一个充满纯氧的铁制容器内，再以火花点燃，它爆炸的能量就相当于 5 根炸药[4]。如果这种爆炸发生时你正在阅读它，那么这种情况绝对可以杀死你。但是我们还是没有将本书的最大可能的爆炸能量完全发挥出来。

如果你想要更大规模的爆炸，你就需要释放本书的核能量了。

所有的质量都有能量：本书，你的咖啡杯，你坐的这把椅子，所有东西。而当你把质量转化为能量，你很快就能得到数值巨大的能量。长崎的原子弹爆炸是把 1 克（相当于本书的半页）的质量转化为了能量。秘诀在于如何让转化发生。幸运的是，这很难完成。长崎的原子弹爆炸使用的是钚，因为钚不稳定，很容易转化为能量。而本书这样的书，要稳定得多。

所以很难把本书的质量转化为能量——但是也不是不可能。要完成的话，最佳做法是用一本书创造出一种反物质，然后把它跟本书结合起来[5]。随后赶紧逃离，很快逃离。

释放出本书的核能量，它爆炸时就是美国引爆的最大的氢弹。你会觉得非常热，热到你身体的每一个原子都分裂开了，然后你的原子的电子会分解开，你会分解成一团离子化等离子体的气体。

　　我们目前的能力还不足以创造出这样的反物质——我们制造出的最多的反物质是 17 毫微克（1 克的十亿分之十七）的反质子，而且还花了很多年，所以要引爆本书，得靠未来一代人了。但是还是有很多实用的把本书变成致命武器的方式——比如太快地翻页。

　　一页纸可以杀死你。这种事情之前发生过。一名英国工程师曾用一张四分之一英寸的纸切到了他的胳膊，然后他去了法国。他很快有了类似流感的症状，因为疲惫而脆弱不堪，开始精神错乱。6 天以后，他死在了医院里，死因是坏死性筋膜炎——一种很少见但是很可怕的虫子通过很小的伤口来感染人类的病。

　　这是疑心病患者最糟糕的噩梦。

　　在你读到本页的时候还不知道这一点，坏死性筋膜炎细菌可以存活于你的皮肤上。如果你翻页太快，而纸页切割到了你的手指，过去曾经无害的细菌就能进入你的身体。

　　坏死性筋膜炎有趣的一点在于，它可以存活于死去的组织里，抗生素和白细胞都无法进入这些组织，而随着细菌的繁殖，它会释放出混合外毒素，在你的免疫系统防御之前杀死你的细胞。治疗不及时的话，你就会由身体疼痛转变成严重的脓毒症。

　　脓毒症是你的身体为了阻止外来者而杀死自己。你的身体重新组织大量的血液运输，以至于你的心脏没法传输血液到你的大脑里。一开始，你会感到昏眩和迷茫，因为你的大脑一直在靠最低量的血液来维持运作。随着你的血压的持续降低，会出现多重器官衰竭，最重要的一个器官就是你的心脏。一旦心脏出现衰竭，你的大脑就会停止接收氧气，你在几分钟内就会死亡。

不去治疗的话，坏死性筋膜炎的死亡率是百分之百。即使治疗及时，70% 的人还是会死，这种病比埃博拉病毒更致命。

翻页时小心啊！

~~~~~~

【1】但是并非所有书都是如此。《牛津英语词典》的第二版有 172 磅重，如果把它从帝国大厦楼顶扔下去，它的终端速度有每小时 190 英里。这会砸破你的颅骨，并弄断你的脖子。

【2】一般的土豆加农炮是由燃烧的发胶提供能量的，最大的土豆加农炮也叫作伯纳利欧，它被用来进行地下核试验，时间是 1957 年，地点在新墨西哥州的洛斯阿拉莫斯。美军在地下引爆了一枚小型核弹，并且把一个高速照相机放置在通向炸弹的井的井盖位置。这台照相机一秒可以拍摄 160 张照片，然而它只拍到了 1 张井盖的照片，井盖就被炸飞了——这意味着井盖的速度最慢都在每秒 41 英里。

【3】需要注意的是，1 大卡的能量，等于 1000 热力学卡里的能量，但是在本章中，我们谈到的卡路里都是食物卡路里。

【4】顺便说一句，任何内含火药量超过 3 克的烟花都是非法的。这意味着，你最多只能把本书的这一页碾碎并且引爆。

【5】反物质是什么？它很复杂，但是简单说来，就是物质的每一个原子都有一个类似"邪恶的双胞胎弟弟"的反物质，而当物质的粒子触碰到反粒子时，两者都会消失，并且按照爱因斯坦的公式转化为能量。

你因为太老
而死去

···➤

从你出生那一刻起，你死掉的可能性会直线上升，而你来人世的第
一天是最危险的。（看上去你活下来了，恭喜你！）即使你按预定的时间
出生，并且没有任何先天缺陷，你死掉的可能性仍有 0.04 : 1000。第
一天里，你死掉的可能性跟一个 92 岁的人是一样的，随着你的成长，
你的免疫系统会变强，而你死掉的可能性会逐渐下降。

你 25 岁生日那天值得庆祝一下，不仅是因为你有资格租车了，而
且还因为这一天是你最健康的一天。你扛过了儿童疾病时期，你的成年
时代开始了。从这时起，就开始走下坡路了。

每一天你都在老去，你死掉的概率在以可预测的程度增加。

1825 年，在一家保险公司做保险精算师的本杰明·冈珀茨发布了
死亡率定律，过了 25 岁以后，每 8 年你的死亡概率会翻倍。他发现人
类就像果蝇、老鼠和其他大多数复杂的生物一样，死亡的可能性呈指数

112

增长。

我们不知道的是，为什么我们的死亡是可以预见的，也不知道我们为什么会老去。有几种理论，但是到目前为止，还都没有得到证实。一个可能的解释叫作可靠性理论。

根据可靠性理论，当你出生时，你的身体在关键部位有着很多的错误。抱歉，这不是针对你，你认识的每个人都是这样。结果是，人类的身体就像法国汽车一样，满是错误的部位。不仅如此，有些运作的部位还总是损坏。

幸运的是，不像雷诺汽车[1]，你有很多的多余部位。大约有370000亿个小小的细胞存活于你体内，似乎自然知道这其中有靠不住的地方。但是跟雷诺汽车的制造商所在意的不同，成本无所谓，于是就有了尽可能多的后备部位。然而，随着时间的推移，越来越多的后备部位损坏了，你就会因为用完了库存而变老，此时你会死去[2]。

当然了，有办法让这个过程加速或者减速。

一旦你到了25岁，你差不多还有100万个半小时可活。因此，你25岁生日后的每半小时都可以算作是微型人生。将这个作为基础，剑桥数据分析师大卫·斯比格尔特和亚历杭德罗·莱瓦创造了一个测量不同的生活方式的成本和收益的方法[3]。比如说，抽2根烟会损失一个微型人生等等，你的寿命会在抽了那2根烟后减少半小时。再抽2根？那就再减少一个微型人生。超重10磅？那就是每天减少一个微型人生。每天喝超过1杯酒，每杯会令你减少一个微型人生。住在墨西哥城，呼吸受到污染的空气，会令你每天减少一个半微型人生。

　　这都是坏消息。好消息是，你也可以利用良好的行为来增加微型人生。运动 20 分钟？增加 2 个微型人生。吃水果和蔬菜？每天增加 4 个微型人生。只是活着，你就可以每天增加 12 个微型人生，这都是因为医学的进步。

　　最终，你的备用细胞会用光，你的微型人生数量会减少到零，这就解释了为什么洋葱新闻社的最新研究表明，全世界的死亡率稳定在100%。

~~~~~~

　　【1】根据《道路与交通》杂志的说法，如果靠得够近的话，你可以听到这辆车生锈。

　　【2】我们知道可靠性理论的一个版本是关于听力如何运作的。在你的耳朵里，有一些部位可以探测到震动。很吵的音乐会跟它们发生反应，这在你年轻的时候当然没问题，但是随着你年纪渐大，这些部位会自然死亡，而因为它们无法跟摇滚乐发生反应了，你会丧失听力。

　　【3】微型人生跟"微死"类似，微死是研究者罗纳德·霍华德提出的一个理念——详见本书的 140 ~ 141 页。微可能性指的是一个事件发生的百万分之一的可能性。

你陷入了……

幽闭恐惧症，害怕窒息或者被困住，这是世界上最常见的恐惧症。研究显示，全世界至少有 5% 的人有严重的幽闭恐惧症，但是几乎在每一种情况里，这种恐惧都是毫无依据的。这是身体的"战斗或逃离"的过度反应，通常没什么好处。

然而，还是有一些地方，如果你被困其中的话，你应该注意一下，在这些地方，即使是最受到幽闭恐惧症困扰的大脑，都可能低估这种危险。以下是你被困进去以后会发生的事情。

飞机轮舱

自 1947 年起，相继有过约 105 个人被困在飞机轮舱里。差不多每起事件都很糟糕。但是如果你还在犹豫要不要买有座位的机票，我们会把困在飞机轮舱里的利弊列表给你。

好处：

1. 价格便宜。

2. 你可以不用吃安眠药了。一旦飞机开始平飞，你就会因为缺氧而昏过去，并且在航行的后续时间里没有意识。

3. 跟坐经济舱相比，你可能会有更多空间伸展双腿。

这些就是优势了。

弊端：

1. 活下去的概率很低。在那 105 个乘坐轮舱飞行的人里，只有四分之一活了下来，而大多数幸存者要么就是很年轻（体重相对较轻的年轻人的体温下降得更快，我们随后再讨论为什么这是一件好事），要么就是处在航行时间很短而高度没那么高的行程里（这种情况其实我们推荐乘坐公车）。

2. 寒冷问题。35000 英尺高，外界是零下 70 华氏度。在轮舱门关上以后会有一会儿的隔热时间，所以寒冷并不会杀死你，但是如果你的手指被冻掉了一两根也没有什么好奇怪的。

3. 暴露问题。在轮舱里没有安全带，而轮舱门会在准备降落时打开，此时你还身处在几千英尺的高空。你并不是这么掉下去的第一个人。我们想让你抓紧，但是因为缺少空气，你是没有意识的。

4. 缺少氧气。这才是真正的杀手。35000 英尺的高空，空气非常稀薄，你呼吸到的氧气减少到了你平时能呼吸到的 25%。人们在这个数字减少到 50% 的时候会头昏眼花，所以除非你能适应新环境，否则你会突然昏过去，几分钟后就会死去。最佳处理方法是，让你自己近乎冻僵。你的大脑在寒冷的时候需要的氧气会少得多，所以穿着短裤和 T 恤可能会比穿着夹克好。你可能至少会冻掉几根手指和脚趾，但是只要你没掉下去，你就能活下来。

结论：这趟行程不会让你缺胳膊少腿，只是会让你损失几根手指和脚趾。如果你够幸运的话。

加油站
（或者说：如果你只吃垃圾食品的话会发生什么）

吃下去一个在加油站买来的热狗是一项壮举，所以如果你只吃这些食物的话会怎么样？

垃圾食品之所以被称作垃圾，是因为保存时间太长。薯条可以保存很久，奶油夹心饼会不会坏掉还是个疑问，所以你不会挨饿，尽管假如你数年内只吃垃圾食品、喝碳酸饮料的话你可能会得糖尿病。但其实短期内也会出问题：垃圾食品基本上没有什么维生素和矿物质，所以虽然作为小点心的话还不错，作为正餐是不行的。

如果你所在的那个加油站里有新鲜水果的话，水果几天内就会变质。而没有水果你就得不到维生素 C，这可是维生素里最重要的一种，最不能缺乏。

在 16 世纪早期，更大的船只和更好的地图使得远航成为可能。不幸的是，食物保存技术还是很落后——这意味着没有新鲜食物，没有维生素 C，而不可避免的问题就来了：坏血病。

在穿越太平洋时，麦哲伦的船上有约 80% 的水手都死于坏血病，甚至到了 1740 年，探险家乔治·安森做船长的船上，在 10 个月的航行期间里，有约 1300 名水手死于坏血病[1]。

在吃了 1 个月的加油站的垃圾食品以后，你会出现坏血病的初期症状（齿龈出血、疲倦、皮肤色斑）。再过 1 个月，你的毛细血管会无法修复，然后你会因流血而死。

结论：如果被困在一个加油站里，你最好寄希望于那里有复合维生素片卖。

电梯

时间最长的电梯搭乘纪录可能属于尼古拉斯·怀特，1999 年 10 月的一个周五的晚上，他在加班时搭乘电梯出去抽烟，结果没能走出去，在里面困了有 41 个小时。很明显，是电梯维护人员没有检查里面是否有人，就把电梯关闭了。在一个小盒子里度过了一个非常无聊的周末，但是最终被发现并救出的怀特先生说，出来以后，他只需要喝杯啤酒。

怀特没有被困更久当然是好事，因为被困在电梯里也可以是致命的。2016 年，在西安的一座忙碌的公寓楼里，一部电梯坏在了 10 楼和 11 楼之间，而电梯维护人员没有检查里面是否有人，就把电断掉了。里面有人。1 个月以后她的尸体才被人发现。

被困在电梯里最大的危险是缺水。电梯的通风很好，所以氧气并不是问题，但是脱水是问题。坐在那里出汗和呼吸，你每天会流失掉两杯水——还有小便也会让你流失水分。

尿里有 95% 的水，被困在电梯里长达几天时，极端饥渴会让尿看上去像是一杯不错的饮料，但是你的身体摆脱掉剩下的那 5% 是有原因的。里面有足够的钾，如果你喝太多的话，它可以让你的肾脏无法运作。里面还有足够多的钠，这在水合作用里没有什么帮助[2]。美国军队生存指南里不建议饮用。

在你因出汗、排尿和呼吸失去的水分越来越多时，你的血液会越来越黏稠，在你的血管里缓慢流动，直到你的心脏没法跳动。与此同时，你的肾脏会因为血液太过集中而中毒。

结论：如果被困在电梯里，你可以存活 2 周时间，然后会因为肾脏无法运作而死去——你们困在里面的时候，最好别喝尿。

冷库

现代冷库都必须能够从里面开门，所以你不可能被困在里面。但是如果你只穿着短裤和 T 恤，被困在一个老式冷库里会发生什么？

在冷冻肉类的那种零下 10 华氏度的冷库里，你的身体会重新循环血液到你的核心部位，好让你的关键器官保持温暖，这就会让你的四肢觉得寒冷，那意味着冻伤。在冷冻肉类的冷库里，这可以在 30 分钟内发生。如果能够活下来，你的手指最终会变黑、坏死，并且需要截肢。但是在这个问题发生之前，你早就死了。

在冷冻肉类的冷库里，你的体温会每隔 30 分钟下降 1 华氏度，所以在 6 小时以后，你的体温会降到 86 华氏度，你的细胞会停止工作。不幸的是，你就只有一堆细胞而已。

结论：你只有 6 小时的时间，之后你就也变成冷冻的肉了。根据美国食品药品管理局的条例，这种肉类（如小牛肉）的你在被扔掉之前，必须保鲜 4 到 6 个月。

流沙

在好莱坞电影的种种被夸大的危险情况里，死在流沙里可能是最夸张的一种——大银幕给我们带来了 40 英尺长的鲨鱼、杀人的计算机和外星寄生虫，流沙却被视为最危险的情况。

抛开你可能已经见过的情况不谈，从来没有已经被证实的范例，证明有人死在流沙里。一个都没有。一些人可能被困在河岸边的泥浆里，然后被潮水淹死，但是就只是这样了。

流沙不够致命的原因是，你会浮在上面。流沙的密度是水的 2 倍，而你已经可以浮在水上了。如果踏进流沙里，你只会沉到你的肚脐眼的位置上，之后你就会因浮力而保持平衡。你会遇到麻烦的唯一的情况是：你头朝下地栽进去。只要避免这种情况，你就没事。

结论：是的，你可以死在流沙坑里，但是在人类历史上你可能是第一个这么死的人。

【1】皇家海军是最先发现维生素 C 和坏血病之间联系的人，所以他们让自己的水手在航行时吃柠檬——这给了他们重要的军事优势，以及一个外号：英国柠檬水手。

【2】如果有一瓶汽水，你应该把它喝下去。汽水里有一点盐，所以它提供的水分没有水那么多，但是它的好处仍然比弊端要多。

秃鹰抚养你长大

发酵鲨鱼肉是冰岛的国民美食。根据主厨和经验丰富的美食家安东尼·波登的说法："我吃过的最糟糕、最恶心的食物就是它。"这可能是因为这道菜得让鲨鱼肉腐烂6个月。这么做并不是要改善口感，而是因为这里的鲨鱼肉是有毒的。如果你吃新鲜的，有毒物质的效用会有些像极度醉酒的效果。腐烂是唯一的解决办法，最终的产品会因为胺而发臭。很明显，大家都喜欢这么吃。

发酵鲨鱼肉是在腐烂以后吃比新鲜时吃要更加安全的少数食物之一。大多数食物是相反的。大草原上的一个动物死去，尸体就不能对抗感染了。很明显，这对动物来说不要紧——战斗已经结束了——但是对任何试图吃掉动物尸体的生物来说很重要。一些恶性的有毒物质会作为这些感染的副产品产生。动物死亡的时间越早，产生的有毒物质就越少。

最终，吃过期食物的是一只秃鹰，所以不管建立起情感联系的难度有多大，让我们看看作为一个婴儿的你，被扔在大草原上，然后被一群秃鹰收养的话，会发生什么。

食物肯定会成为一个问题。你可能已经听说过，在泥土里玩耍会增强你的免疫系统。秃鹰就是终极范例。它们已经吃了几百万年的腐烂尸体，也并没有清洗过它们的爪子，所以它们建立起了强大的免疫系统。因此，它们的感恩节大餐看上去跟你的不太一样。

加入了新的家庭以后，首先你会注意到的是餐桌上的食物：蛆虫。

蛆虫从苍蝇的卵里孵化出来，而一旦出来了以后，它们会跟你竞争吃腐烂的尸体。好消息是，蛆虫是一种蛋白质来源，而因为它们是活的，所以比起腐烂尸体来，它们其实是更安全的食物，所以尽情吃吧。蛆虫也喜欢腐肉，这意味着它们留下的肉会更新鲜一些。所以如果你看到它们挑选这块腐烂尸体而不是那块，捂住鼻子，跟蛆虫一起进餐吧[1]。

这带来了第二个问题：气味。

人类觉得腐烂的食物难闻是有原因的。我们经过了自然选择以后，会觉得这种气味恶心。我们可以分辨出死亡的生物产生的两种化学物质：腐胺和尸胺，很少量也能分辨出来。这是好消息——这种适应使得我们的祖先活了下来。比这更神奇的是，你却能够习惯它们。

如果你被秃鹰抚养长大，你可能会喜欢腐烂肉类的气味。臭鼬的气味使处理它们的工人上瘾，榴梿是一种东南亚水果，闻起来就像未经处理的污水——然而那些吃它的人都很喜欢这种气味。

　　气味在味觉上扮演了重要的角色，所以我们认为虽然适应的过程很艰难，但是最终你会喜欢你的新的腐烂食物。不幸的是，你手上没有大把的时间，因为你的胃和免疫系统的适应速度，没有你的鼻子那么快。

　　吃死了很久的动物会让你接触到这些尸体的病原体。你可以等着瞧，看看肉会不会先杀死你的秃鹰伙伴，但是这种做法不靠谱。秃鹰有很多适应方式，让它们可以吃下去能够杀死你的肉。其中一个原因是，它们的胃酸比你的胃酸要强大 100 倍。pH 值在 0 到 1 之间的这种胃酸比电池里的酸还强，可以腐蚀金属。除此之外，它们还有脊椎动物里最强大的免疫系统。它们能抵御霍乱、沙门氏菌和炭疽热——这些对人类来说都是致命的。如果你和你的秃鹰家庭一起吃感染了这些病毒的肉，你的家人会没事——但是你会死掉。

　　然而，如果你被秃鹰抚养长大，至少你会学到一个好习惯：一只秃鹰的尿是酸性的，可以给所有东西杀菌。

　　所以在吃下一顿丰盛的腐肉大餐以后，你可能会像其他秃鹰那样清洁整理：往你自己身上撒尿。

　　【1】蛆虫的口碑很差。它们有时候会被用在医药上，用来清理伤口，因为它们只吃腐肉，不会碰那些没有腐烂的肉。

你被作为祭品
扔进了火山里

-------------------------------->

处女被作为祭品扔进火山里，基本上可以肯定是好莱坞电影里的情节。被指责会这么做的文明，并没有好的火山可以用作祭祀，而即使他们有，走那么远的路到火山上去，只是为了把一个人扔进去，这种做法也太不实际。

但是，让我们设想你的情况是一个例外。我们假设你被扔进了一座火山里。你的第一个问题是：你会沉下去，还是浮起来？

这看上去像是一个技术问题，但是这跟你的情况有关。当然不是说你会活下去，不幸的是，你根本没法活下去，但是这会改变你的死亡方式。

火山岩浆是熔化的岩石，所以它比水的密度要大两三倍，具体取决于它的构成。它足够密实，如果踩在火山岩浆的河流里，能忽略掉温度问题的话你就可以踏过去——所以，是的，你会浮起来。至少最初会浮起来。

但是这里其实出现了一个问题。从高处被扔进液体里时，能沉下去其实是好事。

如果你从一个大小适中的火山的边缘被扔了进去，你只会沉几英寸进火山岩浆里。热度在这里无关紧要。这就像从一栋5层高的楼跳进一个沙坑里，然后希望能够活下来一样。可结果呢？活不下来。

所以希望你被扔进的火山，进去之后降落的高度没有那么高。这会给你一些时间。当然了，这些都没有涉及热度。

火山岩浆的温度，在1300到2200华氏度之间。那么热，你根本就来不及被煮熟或者燃烧——你会直接被烤得蒸发掉，这意味着你体内的所有水分都会变成蒸汽。既然你基本上是由水组成的，这就很麻烦。一旦你的水分转化为气体，你就会变成一团泡泡似的东西，而所有这些泡泡会在火山岩浆里翻滚，将它变成大的火山岩浆喷泉。这些喷泉可以发射到惊人的高度，5或6英尺高，而它们会把你遮盖住。

所以最终，你会落到岩浆的表面以下，但是从技术角度看，这并不是因为你在沉下去。

而是因为你在被埋进去。

你只躺在床上

---------------------------------->

  如果你已人到中年,那么在起床以后就会面临着百万分之一的死亡可能性,每天开车去上班、清理垃圾以及在街道上行走,更增加了这种可能性。这种危险足够大,大到让你想待在被窝里。

  但是如果那是你的计划,你得再想想。因为结果是,待在床上其实会让你死亡的概率直线上升。

  不活动本身就对你的健康有害。在美国,因之而死的人比因吸烟而死的都多。若你坐下来看电影,每部电影都会减少你半小时的寿命,这是剑桥大学的教授大卫·斯比格尔特的研究所展示的。如果你每天都坚持这么做,那么你的人生流逝速度将比其他人的要快 25%。

  如果你因为担心日常生活里的种种危险,而待在床上不起来的话,在那些情况发生之前你就死了。

  躺在床上休息是极度危险的。这跟零重力的效果很类似,而 NASA

让宇航员在太空站待一年时间的部分原因，是去研究在前往火星的旅程
中可能会发生什么（单程需要 7 个月）。

如果你在床上待 7 个月，就像宇航员去火星时那样，你会面临一些
问题。

仅仅 24 小时不运动，你的肌肉就会开始萎缩，一开始是你的腓肠
肌和股四头肌，这两块肌肉最习惯于日常运动。但是如果不运动，不仅
你的肌肉会日渐衰弱，你的骨头也会如此[1]。

当你开始过这种"平行生活"的时候，奇怪的事情会发生在你的体
液里。流通在你的细胞里的体液，习惯了重力将它拉下来，而如果你平
躺的时间太久，那些细胞外的体液就会开始朝着你的面部涌去，冲撞你
的视觉神经，并且破坏你的平衡性以及味觉[2]。

你的血液也习惯了重力和运动。在 NASA 的火星研究里，他们让
病人在腿上穿上压缩裤子。为什么？你的血管需要帮助血液从你的腿部
流向你的心脏。普通的行走和使用肌肉一般就足够了，但是什么都不做
地躺着，血液会堆积、凝结在一起。

这很糟糕。

往下流的血液的压力会破坏这种凝块。它可以在你的更大的动脉里
流通得很好，但是不幸的是，你的心脏和大脑的阀门跟血管要更窄一
些。凝块可以堵在这些瓶颈处，形成障碍。

如果阻塞发生在你的心脏里，它会导致心脏病，而如果发生在你的
大脑里，你就会中风，这两种的任何一种都可以在几分钟内杀死你。

128

心脏病和中风只是可能会杀死你，而诸如穿上压缩裤子等的预防手段是有效的。然而，如果你在床上躺 7 个月，而又不多加小心的话，褥疮会杀死你。

褥疮出现在当你的床和你的骨头之间的压力扭结你的血管，将其"关闭"，使你的皮肤得不到氧气的时候。

这种疼痛，一开始时是缓慢的疼痛，但是在几小时内就会发展成剧痛。你躺在床上的时间越长，疼痛就越严重。最终，溃疡会从皮肤的发红发展成为环绕着死皮的严重的伤口。

此时，感染会成为严重的问题。你的皮肤是你对抗细菌的第一道防线，一个持续开放的伤口，则给外界的细菌提供了直接的通道，让它们可以进入你的血管，在你的器官里扩散开来——这叫作败血症。

如果不及时治疗的话——有时候就算治疗及时——败血症也会杀死你。你的身体对感染的反应很激烈。你的血压会下降到危险的程度，你的肾脏会停止运作，你的呼吸会加快，而最终你没法咽下食物，你只能发出呜咽声，这叫作死前的喉鸣。最终，大脑细胞死得足够多时，你会失去意识，并且陷入昏迷。

这一切都是因为你躺在床上。所以如果你试图降低日常的百万分之一的事故死亡率，让我们介绍一些更好的方法吧。

首先，从床上起来，远离龙卷风。堪萨斯州、俄克拉荷马州、肯塔基州，这三个州被评为自然灾害最严重的州。你也会愿意避开中西部偏北的地区——比如明尼苏达州和北达科他州（冰太多）以及南部（太多

飓风)。能避开自然灾害的最佳州？夏威夷。但是夏威夷两车道的道路太多，所以在那里开车不安全。有着最安全的道路的最安全的州是马萨诸塞州。没有太多自然灾害，有着最安全的城市和最安全的道路。

你应该避开汽车。你每开 230 英里的车，就会增加百万分之一的死亡概率。坐火车吧——你乘坐火车行驶 3000 英里才会增加相同的死亡概率。

你会想结婚。这可以增加 10 年寿命。

养老院是最危险的工作场所，这里的工作比消防员的工作都危险。最安全的工作？财务人员。

所以如果你认为每天百万分之一的死亡概率看上去太高，就别待在床上，而是要结婚，搬到波士顿，成为一名财务人员，并且坐火车去上班。

【1】你的骨头是压电体，这意味着在受压的情况下，它们可以产生电（就像你烧烤时用的打火机里的火石一样）。骨头没有感受到压力，意味着没有电信号，也就是说骨头没有重新构建和形成。

【2】到处游走的细胞外液就是从太空站回来的宇航员面部浮肿的原因。

你挖了一个洞到中国，
然后跳了进去

在你一生中的某个时刻，可能在很早的时候，你试图挖一个洞一直挖到中国。你或许甚至还完成了一点工作量，有三四英尺，具体取决于你所在的沙滩上的沙子的类型。

但是现在你长大了，变得更加坚决。所以让我们假设你下次去海边的时候，成功地在上次失败的地方挖了一个洞，穿透了这个星球，一直通到8000英里的另一头。然后你跳了进去。

那么会发生什么呢?

首先，这取决于你开挖的那个位置。具体从哪里开始很重要。我们相信，中国在美国的另一头，这其实是错误的。事实上，如果你在美国的任何一个地方挖洞，洞是直的且经过地心都会通向印度洋。要在美国挖一个洞，通向大陆的话，你需要在夏威夷的沙滩上进行，从那里挖过去，你会出现在博茨瓦纳的保护区里。

但是从夏威夷开始挖，也有问题。我们的星球的外部自转的速度，比内部快多了——就像一架旋转木马一样。站在夏威夷的沙滩上，比在地核的位置，每小时自转速度要快 800 英里。结果就是，当你跳进你的洞里，你会在下降的时候，摩擦到这个洞的墙壁上。

下降的速度慢的话，这种摩擦只会留下一些皮肉擦伤，但是速度快的话，在自由落体的情况下，擦伤会严重到磨掉你的皮肤和骨头，直到你变成一团下降的肉浆。

如果想要避免摩擦至死，聪明的做法是从两极处开始挖洞，这两处地方，地球表面的自转速度跟地核处是一样的。

那是第一步，但是摩擦至死并不是令跳进这种穿越地球的洞变得危险的唯一原因。

在海平面的高度，人类身体呈矛形的终端速度差不多是每小时 200 英里。在这种速度下，要穿越 8000 英里的距离，需要 40 小时。换言之，你订机票然后进行换乘再到达博茨瓦纳比你跳进洞里快多了。但是让我们假设你不着急，你能接受 40 小时的漫长时间，即使如此，你仍然做不到平安到达。

几秒内你就会开始减速，这有两个原因。

首先，在你接近地球的核心时，地表对你的拉力会减少，这意味着你的体重会变轻，然后下降的速度会变慢。但是第二个原因才更危险，那就是空气的密度。

喜马拉雅山的主峰是地球上的最高点，约有 29000 英尺高。在这么高海拔的地方，你头顶上的大气更少，结果就是，空气很稀薄，只有经过训练的人才能活下来。

当你朝着相反的方向走的时候，相反的情况会发生。

更多的大气在你的前方，它会压缩你前进路上的空气。在你只下降了 60 英里的时候——这还不到全部行程的 1%——空气会变得像水那么稠密。有那么一段时间，你会沉下去，但是最终你会到达一个平衡点，此时的空气密度跟你的身体密度一样大。所以在此处你会停滞下来，永远"飘"在地球内部[1]。

很明显，我们需要对你的沙洞做一些设计上的更改。对空气密度的解决方法是，把这个隧道里的所有空气抽出来，封住两端，将它变成一个很长的真空隧道。这既解决了飘浮问题，也解决了速度太慢的问题，因为现在你会以每小时 18000 英里的速度，尖叫着穿越地球内部，而不会再卡在中途了。

不幸的是，你的隧道仍然不安全，因为俄罗斯人挖世界上最大的沙洞时，证明了地球内部有热度的问题。

俄罗斯沙洞被称为"科拉超深钻孔"。这是一个长达 20 多年的大型工程的结果，开始于 1970 年，目的只是看看他们能挖到多深。他们挖到了 40000 英尺，那时极端的热熔化了他们钻孔设备的焊接处，工程被迫停了下来。尽管他们只挖了 0.1% 的长度，温度还是到了近 356 华氏度那么高。

根据拇指规则，我们将数据简单化，你每挖 100 英尺，地球的温度会上升 1 华氏度，这意味着在下降 2 秒以后，你能感觉到温度上升了差不多 1 华氏度。这不是什么大问题，但是在你的新的真空隧道里，你加速得很快。

在 3 秒以后，你会感到隧道里的温度上升了 3 华氏度，30 秒以后，就会像在烤箱里一样热了。你会觉得很不舒服，但是你会坚持很长时间，长到令人惊讶的程度。在 18 世纪时，英国人查尔斯·布莱格登爵士将一个房间加热到 200 多华氏度，他在里面坐了 15 分钟，然后毫发无损地走了出来。但是布莱格登并不是在一个温度逐渐上升的房间里，这跟你的隧道不一样。在 30 秒以后，你可能还活着，但是隧道会持续升温。又过了 30 秒以后，你就行进了 13 英里，而温度会高达 1000 华氏度。如果你带上一块半加工的比萨，那么此时比萨就可以直接吃了，你也会被烤熟。

但是情况会变得更糟：甚至连你的尸体都到不了地球的另一头。

地球核心处有 11000 华氏度，比太阳表面的温度都高。在这种温度下，你的身体会瞬间蒸发，这意味着你的电子会从你的原子上脱离出来，你会变成一团等离子体。

所以我们需要对你的隧道进行另一番设计上的修改。我们需要对它进行隔热处理，并且要完成得非常好（这不可能）。你能成功吗？

假设你没有撞击到隧道的墙壁——那会让你减速，并且让你没法到达另一头——你会在 19 分钟多的时间内到达地球核心，然后以每小时 18000 英里的速度继续降落。一旦你穿过了地核，你会开始减速，因为地球会开始使用拉力拉你回去。就像游乐场上的秋千，你的动量会把你拉回到你最开始的高度——在隧道里的情况下，是你出发的地方。

所以如果你忽略掉在极端高温下挖洞和抵抗地球内核的压力这些不可能完成的任务（在现有的科技手段下），你能到达地球的另一头吗？事实上，可以！大约 38 分钟 11 秒以后，你会到达地球的另一头。记得在到达的时候，要抓住地面。

如果没能抓住，你会将整个过程再来一遍。

【1】因为大气压力会挤压你的空间，你在地球内部的密度要比现在大，所以你下降的速度要比你想象中快。但是你仍然到不了另一头。

你去品客薯片工厂
参观，掉进了机器里

你可能这辈子曾经参观过一家工厂。这种经历并不令你感到特别兴奋，但是那也许是因为你并没有变成其中一件产品。让我们对此进行更改吧。

我们假设你正行走在品客薯片工厂里，正当你欣赏土豆堆时，你掉了进去。

据我们所知，从来没有人死在品客薯片工厂里，但是你并不是死在美国工厂里的第一个人。

比如说，在 1902 年到 1907 年这 5 年间，每年都有超过 500 名美国工人死在工厂里。《工厂观察家》年度报告在一年总结里记录下了一些事故：

一家砖厂的工人被卡在了传送带里，他的大部分皮肤被撕扯了下来。

一家锯木场的工人掉进了一个无人看守的大型圆盘锯里，被切成了两半。

一个工人被海军蒸汽动力厂里的大型飞轮卷了进去，他的胳膊和腿被切了下来，他的躯干被抛到了 50 英尺远的一堵墙上。

诸如此类的事故还有很多。品客薯片工厂从 1967 年开始生产薯片，此时，工厂的安全标准已经提高了，所以没有人变成品客薯片。但是如果你掉进一堆土豆里，你会改变这一点。以下是经过。

一旦你掉进一堆生土豆里，你会朝第一站驶去：加热器。

要生产一片薯片，土豆首先得在 600 华氏度的空气里持续脱水保存。因为人类比起土豆来，要更善于维持水分，所以你的脱水不会很彻底，你的细胞不会喜欢这种极端的热度[1]。

人类细胞可以在体温最高 113 华氏度的情况下运作，但是 108 华氏度的发烧经常是致命的，因为你的细胞有一个自毁按钮，来避开疾病。

当一种病毒感染了你的身体时，它会占据你的细胞，将它们变成小型病毒生产工厂。受到感染的细胞被破坏并释放出病毒，去感染其他细胞。为了减缓病毒的增多，你的细胞将高体温理解为一个信号，认为你在对抗一种病毒，它们会在被病毒占据之前自毁，就像电影《碟中谍》里的信息自毁一样。

说回工厂这边，你的细胞会把你的体温在烤箱温度的环境里升高的原因，错误地理解为你开始发烧，然后开始自毁程序。在 108 华氏度的时候，你会失去很多大脑细胞，以至于你会失去对诸如心跳这样的关键功能的控制。

此后，你会被碾碎，变成粉末。然后一些玉米和小麦会跟你碎末状的身体搅和在一起，构成类似馅饼混合物一样的东西。之后，机器会加入水，直到你变成一堆浆状物，浆状物会进入辊压机里，它以 4 吨的压力，将你碾平。

如果你把手卡在辊压机里，手会被碾成篮球大小。但是幸运的是，你已经死了，而且现在变成了一堆泥浆状物，所以辊压机只会把你的尸体混合物碾平。

然后，你被碾薄的身体会被切割成薯片大小的椭圆形薄片，切割下来的小片会被回收，然后再走一遍这个过程。之后你会被塑形，成为我们熟悉的凹面薯片。

顺便说一句，你的新形状——被称为"双曲抛物面"——并不是随随便便被创造出来的。关于它的设计是一台超级计算机的最初的商业用途之一。你的新形状完美地抵抗空气动力学原理，这样你就不会从工厂的传送带上掉下来；你形状精巧，这样就可以被紧密地装进包装袋里。

一旦你变成我们熟悉的品客薯片的形状，你就会进入一个很深的煎锅里，烤上 11 秒。此时，你已经因为热度、碾碎、碾平和切割而死了很久了。

然后你的烤好的尸体会被轻微地调味。在美国，调味品通常是盐和辣椒，或者可能还有牧场沙拉酱。如果你想要变成更有趣的东西，你应该掉进比利时梅赫伦的品客薯片工厂的土豆里，那里他们生产的口味还有芥末味和鸡尾酒味。

你最终的口味会被标注，并且印在品客薯片包装桶上。此时，你就成了第一片人肉品客薯片，但是有趣的是，你并不是第一个埋葬在品客薯片桶里的人。这一殊荣属于弗雷德·鲍尔——品客薯片桶的发明者，他要求人们将他的骨灰放在他的发明里。

然而，你会成为第一个被放进多个薯片桶里的人。我们假设你掉进的是 180 磅的土豆里。一旦脱水，你会失去 60% 的体重，但是因为薯片只有 42% 是土豆，玉米和小麦会把这些失去的重量补回来。最终，经过粗略的数学演算以后，我们认为你会变成大概 40000 片薯片，因此会被装进 400 个薯片桶里。每一天，美国人会消费 3 亿片品客薯片——也就是 300 万桶薯片——所以单个薯片消费者吃掉所有由你变成的沙拉味薯片的可能性是很小的。但是一些不走运的人会买到其中一桶，而感谢 20 世纪初美国记者威廉·西布鲁克的恶心经历，我们知道那些不走运的人会尝到什么味道。

在医院的帮助下，西布鲁克获得了一块刚刚死去的人的肉，在烹饪和准备以后，他声称"在色泽、构造、气味以及口感上……这块肉都非常类似小牛肉"。

一片含有 42% 的小牛肉，一些玉米、小麦和沙拉酱调味品的薯片，尝起来究竟是什么味道，我们将这个问题留给一个敢于冒险的读者。

【1】让人类脱水的另一个更好的办法是冷冻风干法，把这个人冻得很坚固，然后令其在干燥的环境里风干。拥有超过 5000 年历史的阿尔卑斯山冰人标本就是这种做法的一个自然范例。他死后，一块冰很快覆盖了他的尸体，尸身保存完美，科学家可以确定他是如何死亡的（可能是谋杀——有箭穿过了他肩部的动脉），以及他的最后一餐吃了什么（谷物、植物根，以及水果等），并且给他做了血液检测（他患有乳糖不耐症）。

你用一把非常、非常大的枪玩俄罗斯转盘游戏

-->

　　问题：如果你用一把能装 100 万发子弹的枪玩俄罗斯转盘游戏，这会对你的生命有重大的损害吗？

　　答案：如果你在一天之内，唯一的活动就是将一把能装 100 万发子弹的枪对准你的头部，然后在决定性的时刻扣动扳机，这一天其实是你生命中最安全的一天[1]。

　　你每天面对的所有基本风险——行走几个街区的距离，开车几英里，行走在空调下面——所有这些加在一起，比起用一把巨大的枪玩一次俄罗斯转盘游戏来，还要危险 1.5 倍。

　　罗纳德·霍华德，斯坦福大学的决策分析教授，需要一种方法来衡量日常行为的微小风险之间的区别，所以他提出了一种说法："微死"——百万分之一的杀死你的行为的概率[2]。

　　你可以使用微死这个概念来测量不同的交通模式的风险。驾车行驶

230 英里，微死量等于 1。骑摩托车——或者乘坐独木舟——只需要 6
英里就能达到相同的量。乘坐自己的飞机行驶 8 英里也能达到 1。行走
上 17 英里、骑自行车 20 英里也是如此，但是到目前为止，最安全的模
式是搭乘民用航班飞行（1000 英里）和乘坐火车（3000 英里）。

　　如果你富于冒险精神，那么玩这种俄罗斯转盘游戏似乎会显得很无
趣。去海里游泳呢？微死量可达 3.5。轻便（潜水器）潜水？每次的微
死量是 5。跑马拉松，结果是令人惊讶的 7[3]。木筏漂流则是每次 8.6。
跳伞可以高达 9。平均每个探险者似乎都愿意承担 10 微死量的风险，
只是为了一次激动人心的体验，但是真正胆大的人愿意冒更大的风险。

　　比如说，一个定点跳伞者，每跳一次的风险是 430 的微死量。从珠
峰大本营往上爬的登山者，面对的风险是 12000（八十三分之一的死亡
概率）。而每 10 个登上乔戈里峰的人里，就有 3 个死亡。

　　对我们这些 80 岁以下，不会定点跳伞或者攀登喜马拉雅山的人
来说，我们人生的第一天可能是生命中最危险的一天。死亡风险高达
480，等同于一次穿越全国的摩托车旅行。

　　我们也把我们微死的价值等同于 1 美元，无论是否有意识地去思考
它，我们都愿意付钱去减少风险。要降低日常风险，普通美国人会在安
全措施上花费 50 美元，比如说增加汽车里的安全气囊，来降低 1 的风
险。然而，你的政府不会像你这样考虑安全的问题。当交通部门决定是
否要提高公路安全标准时，他们看的是改善以后微死能下降多少，并用
花费来衡量它。如果能将每个司机的微死量下降 1 的花费高于麦当劳里

一个汉堡包的价格的话，他们就不会做出改变。

但是这个转盘游戏里有人失败，这就把我们带回到了最初的问题——用一把可以装 100 万发子弹的枪玩俄罗斯转盘。有 100 万人玩这个游戏的话，肯定会有 1 个不走运的人会被打死。

但是慢着！就算你的头部中弹了，也并不意味着你一定会死掉。只能说，你可能会死。那些被打中了头部的人，有 5% 活了下来。原因是什么？大脑中有冗余的部分。大脑可以把任务从一边传输给另一边，它的两边都具备关键的功能。大脑的半球分为左半球和右半球，而一颗只摧毁了一个半球或者一个半球的部分的子弹，给了你存活下来的机会——这意味着一颗从你的额头打进去再从你的后脑位置射出去的子弹，比从一只耳朵进去再从另一只耳朵出来的子弹危险性要小得多（见第 34 页，如果你不是把一颗子弹，而是让一根棍子插进了你的头部时，你要怎样做才能够活下来）。

打进你的头部的子弹的速度也很重要。高速度的来复枪子弹可以击中你的颅骨，然后以预料不到的方式滑出去，就像击中水面的石头一样。这意味着直接对着额头开枪，子弹可能会击中你的颅骨，向上滑去，并且不会伤害到你的大部分大脑。

但手枪打出去的子弹会击中你的颅骨，然后像一个缓慢行进的石头一样进入你的大脑。如果瞄得准的话，后果很糟糕。

即使是手枪的子弹，速度也比你的脑组织所能承受的要快，这意味着它会把你的脑组织打出来。如果你可以在子弹穿越你的头部时照 X 光的话，你会看到子弹的尾迹比子弹本身要宽一些。

但是 X 光会把真实情况隐藏起来。子弹的通道，不仅会毁坏脑组织和神经，还会毁坏通道两边的一大片区域。

随着子弹穿越你的大脑，脑组织会挤在一起——就像跳水后水的尾迹会挤在一起一样。你大脑里的这种气穴现象发生的速度非常快，而脑组织挤在一起的力度会形成冲击波，这可以毁坏你的一大片神经。

如果你在受到枪击之后没有马上死去，被毁坏的区域可以说明你将进行何种类型的恢复。但是因为大脑有传输任务的能力，要预测你的恢复方式是不可能的。

几乎在每一个案例里，一个人在被子弹击中了头部以后，他首先想到的都是有什么东西烧起来了。因为我们至今还未能确切知道的原因，大脑损伤会让受害者闻到烧焦的吐司的味道。

尽管如此，在大部分的情况里，你没有必要担心这个。近距离平射的子弹很可能会在你的大脑感知到发生的一切之前杀死你。

换言之，在非常不幸地撞上了百万分之一的死亡概率之后，如果你能活下来，就是幸运儿了。

144

～～～～～～～～～～～～～～～～～～～～～～～～～～～～～～～～

【1】这忽略了你让枪掉下来砸死你的风险。一把能装 100 万发子弹的史密斯 &威森手枪的重量大约有 250000 磅。你根本不用担心一颗射向你头部的子弹。

【2】"微死"是"微可能性"（一件事发生的百万分之一的概率）和"死亡"（你的死亡）的结合词。

【3】跑步时，最常见的死亡原因是心脏病，它通常是之前没有被注意到的心脏问题的结果。当你的身体出汗时，你不仅会流失水分，还会流失盐分。如果你只补充水分，而没有补充盐分的话，你血液里的钠就会下降，而水会流进你的脑细胞里，使你的大脑膨胀起来。这不是好事。随着大脑的膨胀，它会挤压你的颅骨，造成恶心和短暂的记忆丧失，如果不及时处理的话就会致命。

你去木星上旅行

　　东部标准时间 2011 年 8 月 5 日 12：25，NASA 的木星探测器朱诺号，以每秒 25 英里的速度从地球上发射了出去——这速度是子弹飞行速度的 50 倍。它朝木星飞去，任务是收集数据。探测器里没有载人，但是让我们假设你跳了上去，最终于 2016 年 7 月到达了木星，然后跳了出去。以下是会发生的事情。

　　既然木星是一颗气态巨星，那么我们可能觉得像跳伞般穿越它或许就像是穿越一朵云一样。其实不然。木星非常大，但是温度很高，而且内部有足够的压力，足以让我们最深的海相形见绌。这颗行星根本无法穿越，以至于我们甚至都不确定它的核心是什么。到目前为止，它把我们的探测器都吞掉了，那些探测器只不过才飞进了木星的云层几英里而已。1995 年，卫星伽利略号对着木星放出了一个探测器。它飞行了约 58 分钟，然后它被撞碎了，烧成了灰。你就没那么走运了。

早在你跳出去之前，麻烦就开始了。

木星的磁场将太阳的辐射像电池那样储存起来，这种做法和地球一样。但是木星比地球大，因而它的磁场要强大得多，所以甚至还远在木星之外 200000 英里的地方，你就会受到 5 希沃特（放射吸收剂量当量的国际单位）的辐射，这足以让你在吸收了几天这种强度的辐射以后死亡。而当你逼近这颗行星的过程中，剂量会增大到 36 希沃特（10 希沃特就足以致命），这可以在瞬间引发呕吐，最终导致死亡。

但是我们假设你有备而来，在你的飞船外有一层防辐射层——铅和固体石蜡就可以了——因而你活到了可以跳的时候。

一旦你的双脚离开探测器，木星巨大的引力会将你加速到每秒 30 英里——对比之下，口径 0.50 的子弹每秒的速度只有 0.5 英里[1]。当你进入木星最上面的大气层里时，你会开始减速，在 4 分钟内从每秒 30 英里减至每小时 4 英里。在你减速最快的时候，你会经历 230 G 的重力——相当于从一座 16 层高的建筑上脸朝下落在地面上。

此外，以每秒 30 英里的速度降落，意味着空气没法以足够快的速度从你面前逃离，所以空气被压缩了，并且变得非常热。你的太空服会热到超过 15500 华氏度，然后蒸发掉，你将变成一团等离子体，发出比太阳还明亮的光。

从木星的表面看——如果木星有表面，并且有人能抬头看到你的话——你看上去就像一团火球。但是伽利略号探测器可以使用一层精密的热保护层在进入大气层的时候隔热并且继续飞行下去，所以我们假设你有这种保护层，成功地到达了木星。

　　此时，我们可以说你已经到达了木星表面，只不过它的表面看上去就像是云层顶端一样。因为木星是由气体构成的，你会继续下降。地球上的大气压力只有 1 个标准大气压，一个人类的身体在呈矛状下降时，终端速度是每小时 200 英里。但是木星的重力比地球的强多了。在木星上，1 个标准大气压的情况下，你的速度可达每小时 1000 英里——仍然很快，但是至少你会减速，这样你的太空服就不会熔化掉。外界的温度很冷，在零下 135 华氏度，大气里主要是氢和氦，但是你的太空服中有氧气瓶和加热器，你会没事的。

　　在持续降落了 10 分钟以后，你会感到 3 个标准大气压的压力，相当于在水下 100 英尺的地方。幸运的是，你的身体主要由水构成，而水是不可压缩的。职业潜水员可以在 3 分钟内潜到水下 700 英尺的地方，此处的压力有 21 个标准大气压。并不是绝对安全，但是可以活下去。

　　随着你逼近核心，木星的温度会升高，就像在地球一样，而此时的温度会升至零下 100 华氏度。云层是由冰粒子组成的——跟地球的最上层的大气类似——而风速会高达每小时 450 英里。但是，假设你能走到这么远的地方，穿着太空服的话就可能没事。

　　降落了 25 分钟以后，温度会升至温和的 70 华氏度。气压会升至 10 个标准大气压——相当于水下 330 英尺。在 10 个标准大气压下，氧气变得有毒了。要活下去，你需要更改装备，将氧气瓶换成深海水肺潜水员用的那种氦 – 氧混合气体。

在降落了1小时以后，你会遇到真正的麻烦。外面漆黑一片，而温度会升至400华氏度——几分钟内就足以杀死你，也能够熔掉伽利略号探测器的焊接处。此时你唯一可以依赖的是，自己还穿着隔热性能良好的太空服。让我们假设确实如此。

大气密度会随着你的降落继续增加，变得像水一样稠密，然后像岩石一样结实。你在木星上永远碰不到一个表面——大气会在越来越大的压力下慢慢地变密。

最终，你的密度会跟木星的密度差不多，所以你会停止降落，并且飘浮在恰当的位置。此时的压力比地球的大气压力要大1000倍。甚至连你的特制太空服也没法承受这种压力。它会跟你身体的气眼一起崩溃。你的胸部、耳朵、面部和肠子会陷进去，直到你变成一团血肉。

然后还有热度的问题。此处的温度高达8500华氏度——差不多跟太阳表面的温度一样高。你不但会蒸发掉，而且你的原子会分解开。你会变成一团等离子体，永远漂浮在漆黑一片、炙热的液氢里。

如果你成功地进入了木星的更深处，压力最终会达到100万个标准大气压，有趣的事情会发生：你身上62%的原子是氢原子，而在这种气压下，科学家预测氢会变成液态金属。

所以如果你成功地克服了重力问题、热度问题、压力问题和有毒的大气问题，你可能最终看上去会像《终结者2》里的那个反派一样。至少看上去很酷。

【1】如果你在火箭飞船里这么做的话，这种加速度会杀死你，因为你的座椅的椅背会向前推进，穿透你的内脏。但是在木星上穿着太空服的你会没事（暂时没事），因为当重力在加速时，你体内的所有东西也会以同样的速度跟着加速，所以器官不会堆积起来。

你吃下了世界上毒性最强的东西

2006 年 11 月 1 日，在伦敦，亚历山大·利特维年科坐下来同两名前克格勃工作人员吃饭。利特维年科之前是一名俄罗斯的安全保障人员，他曾公开反对俄罗斯政权，此时他在为英国间谍机构工作，并且撰写指责俄罗斯总统普京的关于恐怖主义行动和暗杀的文章。

在这顿饭之后利特维年科就病倒了。一开始，症状有些像食物中毒：呕吐、胃疼和疲倦。但是跟食物中毒不同的是，在随后的几天里，这些症状加重了，而医生找不到原因。利特维年科开始掉头发，他的血细胞在减少，最终他无法起床。3 周以后，他死了。

进行尸检时，调查者发现，利特维年科是中了毒，毒药是 10 微克（一根眼睫毛的一半重量）的钋-210，这种剧毒的放射性同位素会在铀衰退成铅时出现。

钋-210 的半衰期很短——只有 138.4 天——而在这期间它可以释

放出大量的能量。1 克会升温至 900 华氏度，具有 140 瓦特的能量。它被使用在太空飞船上，作为热能和燃料，并且可以制作世界上最好的滑雪靴和手套。

钋 -210 的反应性很强，它的阿尔法辐射非常剧烈，可以在很短的距离内释放出所有的能量，这意味着，可以用衣服、两张纸甚至皮肤来保存它。杀死利特维年科的人，可以很轻易地把它装在口袋里，可能是装在一小瓶水里，这样他们自己是不会有事的。

然而，一旦钋 -210 穿过了你的皮肤，比如说被你咽了下去，它就会变成剧毒，而因放射性毒药死亡是不可避免的。但是对暗杀者来说，它并不是理想的毒药，因为它的路线可以被侦查出来。很明显，那两名前克格勃工作人员并不知道有设备可以检测出如此小的剂量，调查者追踪到了杀手们的踪迹，从他们乘坐的受到污染的飞机，到他们下榻的三家酒店，再到他们跟利特维年科的约会，一直到利特维年科的茶杯里（俄罗斯政府不愿意引渡受指控者）。

利特维年科只要喝下去他那杯有毒的茶，他就完了。钋 -210 一旦越过了皮肤进入身体，它的阿尔法辐射就会开始摧毁身体，首先是胃和肠道，它能导致严重的恶心、疼痛和内出血。这些症状出现得越早，就表明你服下去的剂量越多。如果 4 小时内出现这些症状，你就有麻烦了。

你的骨髓控制着血液的产生，它特别容易受到辐射的影响。随着那些细胞受到攻击并被摧毁，你的白细胞和红细胞的数量开始下降，你就会更容易受到外界的感染。

随着更多的骨髓被毁坏，身体产生的红细胞会越来越少。最终，血液变得非常稀薄，你将无法给关键的器官提供氧气——其中最重要的器官是你的心脏。一旦心脏无法接受足够的氧气，它就会停止运作，所有的血液都无法输送至你的大脑。

钋-210 的致命剂量是 1 微克，这使它成为最致命的放射性物质，但是它并不是世界上最致命的物质。

虽然钋的毒性很强，但是肉毒杆菌的毒性比它还要强 500 倍。

2013 年，加州公共健康部门拿到了一份粪便样本，来自一个受到肉毒杆菌影响的婴儿。婴儿的肠道发育不完全，其中偶尔会产生肉毒杆菌，成年人则能够避免这种情况。

测试按照惯例进行，有了肉毒杆菌血清，存活率应该很高。但是医生发现这一次的情况很特殊。他们称其为肉毒杆菌 H，这个种类的肉毒杆菌之前从未被发现过，毒性强大到难以预计的程度，而且没有对应的血清。这一发现给研究者敲了警钟，他们没有公布它的基因序列，为的是防止这种肉毒杆菌被生产出来用作武器。

肉毒杆菌 H 的致命剂量是 2 毫微克。也就是 1 克的十亿分之二。一个肉眼不可见的红细胞都有 10 毫微克重。杀伤性最强的化学武器——VX 毒气——毒性很强，但是要杀死你，都需要 10 毫克的剂量[1]。肉毒杆菌 H 的毒性比它强 500 万倍。

肉毒杆菌 H 的毒性究竟有多强？如果你把它放进一个眼药水瓶里，

然后往游泳池里滴上一滴，喝一杯游泳池里的水，就足以致命。只需要一滴，如果能得到充分稀释的话，就可以杀死 100 万人。一杯就能够杀死欧洲所有的人。

跟病毒不同的是，肉毒杆菌 H 一旦进入你的身体，是不会扩散的——这是这种毒药的另一个引人注目的特征。它进入你的身体时剂量只有一点点，之后仍然是这一点点，但是仍可以让你的身体功能停止运作。

肌肉会因为一种叫作乙酰胆碱的化学物质而收缩。肉毒杆菌进入你肌肉的乙酰胆碱神经末梢里，停留在此处，就足够令你瘫痪。

这一特征其实有很高的医学价值。另一种肉毒杆菌——肉毒杆菌 A 可以用在化妆品里。注射很小剂量的肉毒杆菌 A，可以让面部肌肉放松，并且消除皱纹。它的商业名称是波托克斯（肉毒杆菌毒素）。

但是肉毒杆菌 H 没法应用在商业上。

如果你喝下去一点受到污染的游泳池里的水，12 到 36 个小时之后，你的视线会开始变得模糊，你的眼皮会往下沉，同时会变得口齿不清。

肉毒杆菌首先攻击的是那些由你的脑神经控制的肌肉——你的眼睛、嘴巴和喉咙——从这些地方开始扩散。之后是便秘，因为能令食物在体内移动的肌肉无法运作了。

肉毒杆菌中毒的其中一个更可怕的特征是，它不会影响你的精神状态。在失控状态席卷全身的过程里，你会完全明白所发生的一切，但是无论是你，还是你的医生，都没法对此做出任何改变[2]。

它会从头部开始，在你的面部僵化以后，你的肩膀和胳膊也会僵化。

一旦你的横膈膜停止运作，麻烦就开始了。你胸部的肌肉让你的肺部可以扩张并充满空气。随着它们的瘫痪，你的呼吸会变得越来越困难，好像有一个 500 磅重的人坐在你的胸口一样。

最终，你会无法呼吸到足够的空气来维持你大脑的运作。脑细胞需要持续供氧，供氧一旦停止 15 秒，它们就会停止运作。几分钟以后——具体时间取决于你的脑细胞的死亡顺序——你会经历完全的脑死亡，而这种脑死亡，是由还没这句话最后的标点符号大的一点点毒药引起的。

好消息是，你尸体的皮肤会很光滑，并且没有皱纹。

~~~~~~

【1】关于 VX 毒气，在这里做一些简单科普：在人们发现它的毒性太强之前，它本是被当作杀虫剂用的。然而军方注意到了它的毒性，把它变成了一种化学武器。

以下是它的运作方式：你的神经产生化学物质，告诉你的肌肉该收缩还是该放松。VX 毒气令"放松"的化学物质无法运作，所以你的肌肉会绷紧而无法放松。没法放松的肌肉很快会因太过劳累而停止工作。这是个问题，尤其是对你的横膈膜来说。一旦接触到了 VX 毒气，你的横膈膜就会收紧、倦怠，而你会死于窒息。整个过程只需要几分钟的时间。

跟电影《勇闯夺命岛》里不同的是，VX 毒气对你的皮肤不会造成任何损伤，它的解药应注射进你的大腿，而不是心脏。

【2】更常见种类的肉毒杆菌中毒有一种抗血清可以治疗，患者可能在床上躺上数月之久，从头到脚都没法移动，但是头脑是清醒的。抗血清会阻止肉毒杆菌的毒性释放，但是已经堵塞的神经永远死亡了，而患者需要等数月甚至数年，才能长出新的神经来。

你经历了
一场核战争

‑‑‑‑‑‑‑‑‑‑‑‑‑‑‑‑‑‑‑‑‑‑‑‑‑‑‑‑‑‑‑►

在冷战期间，世人都彻底明白了一件事，那就是美国和苏联都有能力利用核武器摧毁世界。人们不知道的是，这两个国家摧毁世界究竟可以有多容易。

如今，由于建立了复杂的天气模型来分析全球变暖，我们知道了，即便是相对较小的核战争都会带来很坏的影响。有核武器的小国家之间的全面战争，意味着两国会相互投掷亿吨级的炸弹。即使你住在地球的另一端，一百台核设备同时爆炸对你来说也绝对是个坏消息。你面对的首要问题是什么？辐射。

当核武器爆炸时，它们会辐射该区域，并且使无害的原子变质成为危险的物质。那些核武器产生的东西里，最糟糕的是一种叫作锶‑90的物质。它很轻，所以不用爆炸很多次，就可以覆盖全球，并且深入食品供应里去。一旦摄入它，情况跟钙类似，你的身体会把它吸收进你的骨骼里。20 世纪 50 年代的露天核测试过后出生的孩子，他们的牙齿里的锶 -90 超过了正常水准 50 倍。不幸的是，跟测试不同，一场核战争则会超越极限。

锶 -90 一旦进入你的骨骼，它的放射性衰变会破坏你细胞里的 DNA，导致骨癌和白血病。所以如果你在最初的核武器爆炸时存活了下来，随后你会罹患骨癌，但是这还是在你经历烟、灰和碳烟这些更严重的问题之后能够活下来，才会发生的。

第二个问题是，在最初爆炸的灰尘散清以后，它们不会散尽。成亿吨的炸弹在空气中爆炸，它们不仅会直接向大气上层释放碳，而且会引燃森林和城市，并释放出大量的烟雾。除此以外，爆炸会让成吨的灰尘飘浮起来——这些都会被太阳加热，最终浮在平流层上。

你在野外点燃的篝火的烟，会浮在云层下面，然后被雨水清理掉。而核爆炸产生的烟和灰，会飘浮在云层之上，不会被雨水清理掉，所以它们会在云层上飘浮数年，并且遮蔽住太阳光。

甚至连保守的环境模拟都显示了，一百个核武器的爆炸足以遮蔽足够的太阳光，让全球的平均温度下降好几度。全球温度的突然下降——即使只下降了几度，对世界食品供应的影响都是毁灭性的，因为它会破坏水稻作物的生长。水稻的生产受到严重影响的话，将导致全球范围内 20 亿人的死亡[1]。

一百个核弹爆炸的战争一旦发生，近三分之一的世界人口会因为爆炸、饥饿或者癌症而死，但是人类不会灭绝。然而，更大规模的热核武器战争一旦发生，就像 1983 年美国和苏联差点儿进行的那种，我们可能就没那么幸运了。

1983 年 11 月 7 日，美国带领北大西洋公约组织，进行了一次大规模训练，被称为优秀射手行动，模仿了一次对苏联使用核武器的战争。不幸的是，苏联以为这次训练是在掩护真正的进攻。所以苏联的反应是将导弹运到他们的仓库，并且动员了他们的空军，这些行为引起了美军的警觉。幸运的是，美军空军将领莱纳德·派洛兹把苏军的行为当作是一次简单的训练，没有给予回应。没得到任何回应的苏联没有再采取进一步的行动。

根据机密文件分析的说法，莱纳德·派洛兹的决定，是一次幸运的误解。这可能是人类历史上最幸运的误会了。

如果双方都警觉了起来，这种误会升级为全面核战争，数亿吨的炸弹会在全球范围内的目标上爆炸。即使你因不住在大城市里（基本上，美国和苏联的所有人口超过了 100000 的城市都会成为目标），而不会在一开始被炸死，你也别想活太久。

核战一旦开打，2 周以内，1.8 亿吨的烟、碳烟和灰尘就会像黑色的油漆一样遮蔽全球，并且不会消散。

可见度会下降到如今的百分之几，所以中午看上去会像黎明前一样。北美的夏天温度会降到零华氏度以下。

好消息是，有足够的死去的树木可以用来燃烧取暖。坏消息是，你会挨饿。庄稼会死掉，而那些没有死掉的作物会受到虫害的严重影响。

蟑螂及其亲属对核辐射具有很强的耐受性，但是它们的天敌则没有。没有鸟类控制虫子的数量，吃农作物的害虫会变得越来越多。害虫会大批量地伤害那些从寒冷中挺过来的农作物。

但是还是有好消息的。在把粮食变成蛋白质这一点上，蟑螂的效率比牛更高，甚至在新的末世里，蟑螂也不缺食物。蟑螂富含维生素C、蛋白质和脂肪，它们是一种健康的零食。所以只要你不挑食，你就能比预计活得更久一些。

为了活下去，你得吃下去很多蟑螂，差不多每天144只。真恶心。

【1】根据国际反核战争医生联盟的一份分析报告的说法，全球水稻产量会下降21%，玉米产量会下降10%，而大豆产量会下降7%。

你去金星上度假

去金星上度假，并不像降落到木星上一样肯定会死，但是这仍然跟去野餐很不同。

从外太空降落到金星的大气层里，这个过程应该是比较愉快的。它的重力类似地球，所以你不会降落得太快——就像重新回到地球一样，而如何重回地球这个问题已经被解决了。我们需要做的只是让你进入NASA的太空飞船，然后你会平安到达这个星球上方155000英尺处（如果你不想乘坐太空飞船，见第77页，看看会发生什么）。

然而，一旦你到达金星上方155000英尺处，你的麻烦就开始了。

首先，你得小心雨云，因为金星上的云下的不是普通的雨，而是硫酸雨——跟你在汽车电池里发现的东西很类似。这种雨会侵蚀你的太空飞船的金属外壳（而如果你没有乘坐太空飞船的话，它会腐蚀你的皮肤，烧出洞来）。你的太空飞船的窗户必须是钻石做的，因为钻石可以抵抗热和硫酸。NASA 的金星着陆器使用了 205 克拉的工业钻石，作为摄像机的镜头[1]。

这种雨云之所以危险的第二个原因是闪电。近期，科学家证实了金星上存在闪电，但是他们仍然不能确定它是云层内的闪电，还是会打到金星上的闪电。无论情况是哪一种，如果你坐在你的太空飞船里，飞船会导电并像一辆汽车那样保护你。如果你在飞船外面，而你又被硫酸雨引起的闪电击中的话，见第 67 页，看看会发生什么。情况很糟糕呢。

一旦你降落到云层之下，你需要降落伞来帮助减速。不幸的是，金星有温室大气问题——这个问题很严重。它的大气中含有高于 96% 的二氧化碳，这意味着金星上的温度惊人地高。这个星球的温度，在白天是 864 华氏度，它擅长储存热能，以至于到了午夜时分，温度还是高得足以熔化铅。想想全球变暖到达极限时的状态吧。

标准的聚酯或者尼龙做的降落伞在 270 华氏度时会熔化掉。你的降落伞在打开的数秒内就会熔化。我们建议你使用涤纶做的降落伞，这也是金星着陆器所使用的材料，可以抵抗硫酸，到 500 华氏度时才开始熔化。所以其实它还是会熔化，只不过它至少可以撑得久一些，而这可能已经足够了，因为金星上的空气非常稠密——是水的密度的 7%——因此你的降落速度会很慢，足够你存活下来。

当俄罗斯人向金星发射了一个着陆器时，他们使用了会熔化的降落伞、膨胀起来的气球，并且采取了迫降的着陆方式——这三个因素结合在一起，着陆成功了。着陆器传回来了数据，52 分钟后才被热熔化掉。

所以若是有好运气加上工程技术（还有一套质量好得惊人的温度调节装备），你可能能够站到金星上去瞧瞧。但你可能会失望。因为这个星球永远覆盖着一层厚达 17 英里的雾般的云，能够让洛杉矶看上去像塔希提岛。这些烟雾非常厚，以至于金星在中午时分看上去就像黄昏一样。

它的重力约是地球的 90%，所以你的身体很容易适应，但是"空气"比地球的要密 50 倍，所以奔跑会以慢动作进行，就像在梦里逃避一个手持斧头的杀人犯的追杀。

稠密的空气也会给你的身体的气眼带来麻烦。站在金星表面，相当于站在水下 3000 英尺的地方。你的身体主要由水构成，因此是无法压缩的，但是你确实有几个气眼。那些区域会在压力下损坏。你的面部会像被一根大棍打击一样被挤进去，你的耳朵会向内压碎，而你的眼球会被挤进你的头部。你的脖子会因为喉咙受到挤压而缩小，而你的肚子会因为你的胃部和肠道向内压缩而变小。

你的肺部是你身体上最大的气态区域，它也会崩溃，但是反正你在金星上也用不到它，即使你想出办法让它膨胀起来。因为金星上的大气含有 96% 的二氧化碳，你只需要呼吸一口，你的身体就会因为缺氧而想尖叫。你失去意识之前的这 15 秒会过得非常难受。

金星上的最后一个问题当然是热度了。如果你在近 870 华氏度的环境里穿着泳衣的话，你会在数秒内死去，虽然你不会燃烧起来，因为没有氧气来支持这个过程。尽管你不会燃烧起来，你的细胞也会在近 870

华氏度的高温（跟一堆充分燃烧的火差不多热）下停止工作，而你的蛋白质会变性。你很快就会从"烤熟了"的状态，变成"焖烧的骨头"的状态，而最终，你会在随后的几天里慢慢变成一堆骨灰。

尽管在金星上死掉的方式很多：火化程度的热，足以让人粉碎的深海程度的压力，还有无法呼吸的空气。

然而，有一种方式是绝对让你死不了的：降落。

空气的密度是如此之大，以至于你在这个星球上的终端速度是每小时 11 英里——跟你在地球上从一个 5 英尺的平台上跳下来的速度一样。这意味着你从金星上的悬崖往下跳，无论它有多高，你都不会摔死（尽管在降落的过程中你可能会死于其他一些原因）。

总的来说，如果你不想死在火炉般的环境里的话，金星是个很糟糕的度假地点，但是如果你恐高的话，金星可是个好地方呢。

【1】如果你能证明你是出于科学目的，政府会给你一些被没收的钻石。

你被一群蚊子
包围了

雌性疟蚊可能是人类历史上最危险的生物。据估计，从石器时代起，它的叮咬造成了近半数人类的死亡。当然了，你不能把这些都算在蚊子头上。真正的杀手是疟疾，一种蚊子携带的寄生无脊椎原生动物造成的疾病。

每年都有 2.47 亿万人感染疟疾，超过 40 万人死于疟疾。除此以外，蚊子的叮咬很讨人厌（它们的唾液是一种抗凝剂，我们对其过敏），而我们并不是觉得它们讨厌的唯一的生物。北美驯鹿改变了它们的迁徙路线，到更寒冷的地方去，为的就是避开蚊子的叮咬。

当然了，驯鹿也不是因为蚊子的侵扰而改变生活区域的唯一动物。中美洲、南美洲和非洲的大片丛林，对早期的探险者来说完全不能通过，就是因为蚊子。亚马孙雨林之所以能够完善保存，主要就是因为蚊子。

最初，巴拿马运河的修建是 1881 年由法国人主导的。进展并不顺利。巴拿马的丛林里到处都是毒蛇和有毒的蜘蛛，但是这两者的危险程度跟蚊子比起来都算是小巫见大巫了。疟疾让法国人的工程停滞不前。工程施工的高峰期里，每个月，蚊子都会杀死近 200 名工人。他们没能在截止日期前竣工，花费上升了，9 年之后，工程宣告失败。一共有 22000 名工人死亡——差不多都是被蚊子杀死的。直到 20 年后，美国人开始主导工程施工——此时医生已经更能理解疟疾和蚊子之间的关系了——运河才终于完工，但是还是有 5600 名工人因此死去。

对我们这些拍打了很多蚊子，但是并不住在有疟疾的国家里的人来说，还是有一个问题：蚊子可以在没有原生动物的帮助下杀死你吗？足够多的蚊子，可以把你的血吸干吗？被咬 1000 次就一定会死吗？蚊子每次叮咬时只吸一点点血，这在你进行一次正常的野营活动时并不是个大问题。你能承担一些叮咬。但是如果你是在阿拉斯加的北坡进行野营，并且赤身裸体地面对一大群蚊子的话，这就成了问题。我们能知道这种情况的细节，得感谢北极区的研究者，这些胆子很大的研究者携带了一些伏特加酒，不穿 T 恤就跑到户外去了。他们面对着成群的密密麻麻的蚊子，在外面站了 1 分钟，然后才跑进室内去，评估这次行为的损害。

他们每个人身上都有超过 9000 处叮咬。

蚊子每次叮咬，只吸取 5 微升的血液，而你的血管里总共有差不多 5 升血液，等于说你可以给蚊子提供大概 100 万份晚餐。所以你可以在下次野营时承受蚊子的叮咬，但是每分钟被叮咬 9000 次则是另一回事了。

如果你追随那些不穿 T 恤面对蚊子的勇敢的科学家的脚步，滞留在成群的蚊子里，以下是会发生的情况。

大概 15 分钟以后，你会失去约 15% 的血液，每次献血时差不多就是这个量。你会经历轻微的焦虑和很严重的发痒，但是一杯橙汁和一块饼干就能解决这个问题。

然而超过 30 分钟以后，蚊子会吸取你的总血量的约 30%。你的血压会开始下降，而你的心脏将被迫加速跳动来做出补偿。与此同时，你会开始觉得四肢发冷，因为你的身体需要把氧气供给你的内脏器官，就顾不上你的手和脚了。同时，你的呼吸会加速，因为你的身体在试图补偿缺乏的氧气。

40 分钟以后，你失去了约 2 升血液，开始进入危急状态。你会变得焦虑和困惑，你的心跳快到每分钟超过 100 次。因为你的身体把剩余的血液和氧气输给你的大脑、肾脏和心脏了，你的胳膊和腿上的组织会开始死亡。

45 分钟以后，已经超过了 400000 次叮咬，你损失的血液也超过了 2 升。此时你的心脏不再有能力维持最低量的血压了，你会进入休克状态，随后则是心脏病。肺里没有可以运载氧气的血液了，你的脑细胞会开始死亡。几秒内，你会进入失去意识的状态，并且受到不可逆的脑损伤。从心脏病病发到彻底的脑死亡之间，你有 3 到 7 分钟的时间，具体的时间取决于哪些脑细胞会死，以及死亡的顺序。

而且，以这种非同一般的方式死去，你便也成了因蚊子而死的半数人类中的一员。

你被当成炮弹
发射了出去

人肉炮弹——那种你在马戏团里看到的杂耍——是从马戏团大炮里发射出来的（基本上就是一个长筒，底下装了一根弹簧）。最高射程纪录是 200 英尺，如果你计算一下的话，会发现发射速度是约每小时 70 英里。如果有放置好的安全网的话，这种经历是死不了人的，尽管并不是绝对安全。好多人死在这种工作上。但是即便如此，还是比从一门真正的大炮里被发射出要安全得多。

如今，真正的大炮发射炮弹的速度可达每小时数千英里。我们假设你想体会一下那是什么感觉，于是你爬进了一门现代大炮里，并且找来了一个朋友把你发射了出去。这个想法实施起来有很多风险，但是我们主要谈以下两点。

首先，加速问题。在你的朋友拉动开关的那个瞬间，你的速度会在 1 秒的百分之一内，从 0 飙升至每小时 3800 英里。这相当于 17000 G

的重力，比所有宇航员经历的重力要强 2000 倍。那个瞬间，你的体重会达到 250 万磅。你的颅骨和骨骼会马上碎裂，你的软组织也是如此（你的器官和肌肉等等）。只有你体内的水分能挺得住。所以当你还在炮管里的时候，你就会失去人类的形状，变成一汪血红色的水，里面漂着碎裂的骨头和肉。在你离开了炮管以后，情况只会变得更糟。

以每小时 3800 英里的速度飞行，会与空气产生巨大的摩擦，因此会有热度的问题（战斗机的表面可以达到 600 华氏度）。这对你的尸体化成的这摊水来说，是个大问题。

所以在你最喜欢的美梦里，你会成为一汪血红色的水，在空气中飞翔。你最终的形态是一片超级热的烟雾，以 5 倍于声速的速度在空中飞过。

我的天，好疼啊。

你被一枚从帝国大厦
楼顶扔下来的硬币砸中

坏消息：一枚从帝国大厦楼顶扔下来的硬币并不会把你的颅骨砸出一个洞来。它的海平面终端速度只有每小时 25 英里。一枚硬币很轻，而且像所有硬币一样，它在降落的过程里会翻跟头，这增加了它的摩擦阻力，让它变得没那么致命了。甚至连流通的最大的硬币艾森豪威尔银币，都达不到致命的程度。

每个人都会对此感到失望。你的头顶上有一个被硬币砸出来的冒烟的孔洞，这一情景是如此吸引人，以至于大多数人都不愿意轻易放弃这个想法。

然而，确实有一些物体从帝国大厦的楼顶掉落下来时，杀伤性更强，但是就像在硬币的这个范例里一样，你的直觉在遇到那些情况时，没法总是精准地判断是该试图抓住它们，还是该赶紧逃开。为了回应这种都市居住者的常见困惑，我们创建了一份在帝国大厦楼下行走的指南。

以下是如果你看到有物体从这栋摩天大楼的顶部往下掉时应该做出的反应。

棒球

一个 5 盎司重的棒球，从帝国大厦的顶部掉下来，其速度可达每小时 95 英里，基本上就是大联盟比赛时投手投出的快球的速度[1]。如果它掉落在你头上，你可能会被砸出脑震荡来。但还是有机会打破纪录的。

1939 年，旧金山海狸队的乔·斯普利兹，因为接到一个从约 800 英尺高的小型软式飞艇上掉落下来的棒球而打破了世界纪录。棒球砸到他的手套上，力道大到它弹到他的脸上，砸掉了他的几颗牙齿，并且把他的下巴弄骨折了。

2013 年，扎克·汉普将这一纪录提高到了 1200 英尺（他戴着一个接球手的面罩）。因为帝国大厦有 1250 英尺高，你可以创造新的纪录。或者在尝试的过程中把自己弄骨折。

结论：如果你看到一个球从帝国大厦掉下来，那么抓起一个手套——大概还需要一些保护性的装备。速度低于每小时 95 英里的棒球也曾杀死过人。

葡萄

一颗葡萄的终端速度在每小时 65 英里——动量不足以造成任何损

伤，即使它砸到了你的头。然而，用嘴巴接住一颗葡萄的最高距离的世界纪录是 660 英尺，是 1986 年由保罗·塔维拉创造的。

结论：如果你看到一颗葡萄正在掉落下来，首先你得确保那真的是一颗葡萄，而不是其他更坚固的东西，然后你就可以张大嘴巴把它接住！

英式足球

一个英式足球相对来说比较大，而且轻。如果有人让它从帝国大厦顶端降落的话，它的最大速度是每小时 54 英里。足球运动员平常踢球时，可以把它踢得更快——最快的纪录是每小时 132 英里——他们还做出了最大努力的尝试，试图用头接住球，其后果最多只是会头疼，失去一些脑细胞而已。

球可以弹到多高？足球的恢复系数（COR）（一个物体从一个已知物体——比如说你的头部——上弹回去时的能量）是 0.85。如果它砸到你的头，会弹到 4 楼那么高。

结论：弹跳性很好，但是不够致命。（如果你想找一种弹跳性更好的物体，试试超级弹球吧，它的终端速度是每小时 70 英里——也不够致命，但是恢复系数在 0.90，也就是说，如果你让它从这栋摩天大楼的楼顶下降的话，它可以回弹 80 英尺高。）

172

圆珠笔

具体取决于这支笔。没有衬衫金属夹的圆珠笔掉下来的话，速度太慢，无法造成任何损伤。但另一方面，如果是一支带着金属夹的钢笔的话，它会像你对硬币的预计一样，在你的头上砸一个洞出来。为什么？

金属夹可以像箭上的那根羽毛一样，让钢笔笔直地下降。它不仅可以加速到每小时 190 英里，而且会像一根棍子一样击中你的头——而棍子是很好的穿刺工具，因为它们带着多余的动量，不需要额外的拖拉（这就是为什么反坦克装备总是棍子形状的）。

结论：感谢它的"羽毛"装备和它的棍子动量，一支降落下来的带有金属夹的笔会砸穿你的颅骨，并且穿进你的大脑里。结果是？如果从一栋摩天大楼的楼顶上掉下来，一支笔就像一把剑一样威力巨大。

蓝鲸

在所有的生物里，一头蓝鲸具有世界上最大的终端速度。或者至少它会保持这个纪录，如果它能找到方法上到大楼顶端的话。一头蓝鲸重达 420000 磅，它是所有生物里，终端速度最快的生物。只要距离超过了 4 英里，一头降落下来的鲸鱼会打破海平面上的声障。从帝国大厦降落下来的鲸鱼，速度可达每小时 190 英里[2]。

如果你试图接住它的话，你就有麻烦了。你会被压扁。但是实际情况还要更糟一些。

如果一头鲸鱼击中地面的话，它会飞溅开来，这是因为它的皮肤无法承受它的内脏向外扩张。压在它下面的你的身体也是如此。你的皮肤会没法承受这种压力。所以在压扁（和飞溅）以后，鲸鱼的内脏会跟你的混合在一起。

结论：一团糟。

这本书

如果有人想把本书从帝国大厦楼顶扔下来的话——我们知道，也许这是最有可能的情况——它会加速至每小时 25 英里，并且花上超过 30 秒完成这次降落。

结论：如果你曾经惹怒了一个手臂强壮的自由党人，你可能会被一本速度超过了每小时 25 英里的书砸中。这会把你吓一跳，但是不够致命。

〜〜〜〜〜〜〜〜〜〜〜〜〜〜〜〜〜〜〜〜〜〜〜〜〜〜〜〜〜〜〜〜

【1】如果你把这跟大联盟比赛时的发球做比较，它就相当于接住一个速度达到每小时 103 英里的快球，因为雷达测速器可以测量球离开投手时的速度，到球到达击球手这里时，每小时 95 英里的速度已经减至每小时 87 英里。

【2】是的，跟笔的速度一样——地球的重力最多只能把从帝国大厦楼顶这么高的地方降落下来的东西加速到每小时 190 英里。

你握了
别人的手

对你的健康来说，你所能做的最糟糕的事之一，就是握别人的手。手是我们最主要的疾病传播工具，这就是为什么疾控中心支持碰拳而反对握手。疾病本身却并没有将你下次握手有多危险考虑进去。

那是因为有个叫作原子排斥的东西存在，所以其实你从来没有真正碰触过其他人的手——即使你握手时用的力道很重。如果你真的触碰到了下一个跟你握手的人的手，结果将是一场灾难。

你手掌心里的每个原子（还有所有其他东西），都有围绕着原子核转的带负电荷的电子。那些电子相互排斥，就像你的冰箱贴的背面一样，只不过，跟你冰箱贴上的磁铁不一样，电子确实不愿意相互触碰。

它们之间相互排斥的作用如此之强，以至于你这辈子其实并没有触碰过任何东西。现在，你的屁股并不是紧挨着你的椅子的，而是悬浮在上面的。用铁锤敲打钉子，铁锤也并没有真正地触碰到钉子。

要强行让两个原子触碰到一起，你需要的是比你的手、屁股和铁锤能使出的更大的压力。

事实上，这种压力只存在于行星的中心。我们的太阳发热，是通过把氢原子核推到一起，这个过程叫作核聚变。

在地球上，唯一能够创造出这么强的压力的方式是爆炸。

要真正握你的朋友的手，真正把你的原子跟他的触碰在一起，你需要给你的手加热，直到它变成核弹，然后引爆它。（注意：这是相当危险的，你要确保你身边有成年人监护。）

不幸的是，对你、你的朋友和你所在的这座城市来说，人类皮肤上最常见的粒子就是氢，而当氢发生核聚变时，会释放出大量的能量。

要把两只手真正地握到一起，就是引爆了一颗中等大小的氢弹[1]。

20英里范围内的每个人都会遭到三级辐射烧伤和神经损害。6英里内的人的家会被炸毁。3英里内的人还会遭到强力冲击，这种冲击足以摧毁一栋摩天大楼，而2英里内的每个人，除了以上遭遇以外，还会被一团巨大的火球吞没。

对你和你的朋友来说，这一切很快就结束了。你能看到的第一个场景也是最后一个，那是因为炸弹的闪光会实打实地闪瞎你的眼睛。闪光会闪掉你的视网膜，就像一张过度曝光的照片一样，然后会蒸发掉你的眼球和视神经。

伴随闪光的是全套的电磁辐射。要知道它能在你身上产生什么效果，想象以下的场景：如果你踏入一台微波炉里，你的水分子会加速运动，然后温度升高。最终你身上的液体会变成蒸汽，并且扩张。当水在压力下扩张时，就像你血管里的压力一样，它会爆炸。你会被炸得到处都是。只不过微波炉的这种情况只是电磁辐射的一个小样本而已。一颗氢弹会带给你全套的光子辐射：红外线、紫外线、X射线、伽马射线。

光子会炸掉你变成蒸汽的身体，然后摧毁把你的粒子连接起来的原子键——把你的原子分解开来。

然后情况会变得更糟。

你的粒子不再连接在一起了，但是它们还是像台球一样分布着。然后光子撞过来了。光子会撞击你的原子，把你的身体打散，扩散到一个高中体育馆大小的区域内。

之后，粒子来了。这些中子和电子使你的运动速度稍慢，其中中子的威力更大一些。它们会追逐你的原子，使原子核变质——将你的残留物变成辐射物。

炸弹里运动得最慢的是超声冲击波。冲击会把你那些已经变质的、被辐射的、被电离的一团等离子体残余物加速到非常快的程度，将你的原子同那团扩散的、加热的曾经是你的等离子体混合在一起。最终，你会以差不多10,000,000,000,000,000,000,000,000,000个分离开来的原子的形式，撒落在地面上。

它很薄，因此你会以一块均匀的、只有一个原子的厚度的毯子的形式，覆盖整座城市。

【1】我们在这里作弊了。核弹里创造出来的压力和热并不持久，不足以将氢挤压在一起。为了制造氢弹，物理学家在核裂变反应堆里使用的是氢的同位素（重氢和超重氢），然后把那些同位素装载到核弹里。要让你和你朋友的手发生这种反应，唯一的方法是把你们俩都放进核裂变反应堆里，或者让你们在一颗行星里握手。然而，两者的后勤准备都很复杂，为了方便理解，我们跳过了这一步。

你变成放大镜下的 那只蚂蚁

所有的孩子都知道，放大镜可以烤死一只蚂蚁。幸运的是，便利店里没有大到可以烤死一个人的放大镜，但是只要你有足够多的人和很多面镜子，就可以对某个人造成比晒伤更多的伤害。

在科幻作家阿瑟·克拉克的《小小中暑事件》中，一名总统构思了一个邪恶的计划，来对一个不公正的裁判进行反击。他给了 50000 名士兵免费的足球赛门票，并给了他们每人一块 2 英尺宽的反射板。士兵觉得他们需要以这种新颖的方式在比赛过程中表达不满，但是总统有更加致命的意图，在接到他的指令以后，士兵们都使用反射板将太阳光反射到裁判身上。50000 块反射板的能量，将这个裁判活活烤死了。

这个故事是虚构的，但是其中的做法令人震惊地可行，而如果正确地执行的话，都用不了 50000 名观众。

阿瑟·克拉克并不是第一个想到可以用太阳光作为武器的人。

根据传说的说法，阿基米德曾让129名士兵使用黄铜盾，反射太阳光将敌船烧毁。以当时的科技水平来看，这个故事应当是虚构的，但麻省理工学院的一项研究显示，从理论上讲，这种情况是可能发生的。

尽管反射的太阳光从来没有杀死过任何一个人，但是每年都会有数千只鸟因此而死。美国加州南部的莫哈韦沙漠的太阳能农场使用车库门大小的镜子来聚集太阳光，将其变成1000华氏度的光束，当鸟类飞过的时候，它们会立刻被烤熟。因为它们在落到地面的过程中会留下烟迹，工人们便将它们称作"飘带"。

使用太阳能作为武器最大的问题是焦点，太阳能农场利用可移动的镜子和计算机程序将其解决了。

如果一个物体上有超过10到12平方英尺的光，人们要对准目标就会变得非常困难。没有人知道该对准哪个地方。

美国空军解决了这个问题。他们的生存包里有一个叫作信号镜的东西，它是个强大的工具，可以帮助击落飞机。

反射太阳光的小镜子可以发出数英里外可见的呼救信号。诀窍是将镜子中反射的光瞄准到一个地方，而空军的信号镜使用了反射玻璃粉来产生一个红点，就像狙击手的枪的准星一样，它可以告诉你，你把光聚焦在哪里了。

镜子的效果出人意料地好。1987年，一名父亲带着儿子使用木筏在大峡谷的科罗拉多河里漂流，他们出了事故，然后使用信号镜成功地向头顶35000英尺处飞过的一架飞机发出了呼救信号。一旦你解决了焦点的问题，温度会上升得很快。一面标准的 1 英尺乘 1 英尺的浴室镜可以从太阳光里接收到 100 瓦特的能量，而每一面镜子反射的能量等于它接收的能量。所以一面镜子会反射出一面镜子的能量，两面镜子则会反射出两面镜子的能量，以此类推。

所以假如你是阿瑟·克拉克的故事里的那名裁判，而你没有公正地执行判决，以下是我们认为将会发生在你身上的事情。如果观众拿的是普通镜子，就像他们在书里做的那样，你就没必要太担心。光太分散了，最多只会让你觉得有些热而已，而你有大把的时间，可以在赛场上奔跑。

但是另一方面，如果那天是晴天，而有 1000 名观众把信号镜连接在了他们的浴室镜上的话，你就有麻烦了，因为他们可以一起将 100000 瓦特的热量引导到你的胸口。这些热量可以在几分钟内将一个 200 磅的人烤熟，但是你会在被烤熟之前死去。

一堆充分燃烧的火，温度在 800 华氏度——如果你让手靠近它，你会马上把手拿开，而 1000 面镜子的光可以产生比这堆火更高的温度，差不多有 1000 华氏度。

你的细胞只能在一定范围的温度下运作。它们在 98.6 华氏度时运作良好，再高 2 华氏度的话，你就会觉得不舒服。再高 10 华氏度的时候，对你来说就足以致命。

幸运的是，你有很多在炎热状态下让内部凉爽起来的方法。出汗，让你的血管膨胀起来，而你的身体的隔热功能可以让你在 200 华氏度以上的房间里存活几分钟。

但是在极端情况下，一切都发生得太快，你的身体的防御机制来不及做出任何反应。

如果 1000 面能完美聚焦的镜子反射它们的光束到你身上，你还没迈出两步就已经死了。你不会马上燃烧起来，因为你的体内有大量的水分，你就像一根浸满水的木头一样，但是一旦你吸一口气，喉咙里脆弱的皮肤就会被灼烧而受伤，以后都无法再继续运作了。如果你还能活一两分钟的话，你会窒息而死，但是不用担心，你根本活不了那么久。

你的内部体温会飙升 10 华氏度，你的脑细胞会停止运作，而你的蛋白质会变性（物理学家会将其称为烹饪）。

没有蛋白质来运输能量，你身体内的所有功能都会停滞，所以你会变成一块死肉。

但是你的身体会继续升温，直到完全脱水，然后你才会燃烧成一团火焰。火会将你烧得只剩下骨头和牙齿。

火葬设备可以加热到 1500 华氏度，它需要两个半小时才能彻底把一个人变成骨灰，所以除非那些观众非常执着，否则你的牙齿和烧焦的骨头还是会留在赛场上。

就像在《小小中暑事件》里展示的那样，你的死亡也许会引发短暂的静默，之后一个顺从的新裁判会替代你，而主场队会反败为胜。

你的手卡进了
粒子加速器里

1978 年 7 月，一名名叫阿纳托利·布戈尔斯基的苏联科学家正在检查苏联最大的粒子加速器（一台可以将亚原子粒子加速至接近光速的机器）U-70，而主粒子光束从他的后脑勺穿过，又从他的鼻子出来了。他没有感觉到任何疼痛，但是他说他看到了"像一千个太阳那么明亮的"光线。医生急忙把他送往医院，他们预计他会死于辐射，但是除了面部神经瘫痪、偶尔的抽搐、由辐射引发的恶心以及穿过他头部的一个小洞以外，他没有出现其他问题，然后回去继续完成他的博士学业了。

这是否意味着，你可以把手伸进欧洲最新的大型强子对撞机（LHC）中呢？你是否也会有一个很酷的伤疤，除此以外什么事都没有呢？不是这样的。不幸的是，对你和你的手来说，俄罗斯的 U-70 粒子加速器的能量，还不到 LHC 的百分之一。

LHC 是全世界最强大的粒子加速器。它可以将质子加速到 0.99999999 倍光速的速度（每小时只比光速慢 7 英里），并且让质子碰撞在一起。它是如此强大，以至于一个小型但是很活跃的社会团体担心这些碰撞的粒子会创造出一个足以吞噬地球的黑洞（见第 96 页，看看如果这发生的话会出现什么情况）。

光束是由 1000 亿个质子构成的，当加速到接近光速的速度时，它们可以装载巨大的能量——类似于一列 400 吨的火车以每小时 100 英里的速度行进的能量。

在如此巨大的能量之下，它可以在 1 毫秒内，给 100 英尺厚的铜上打穿一个洞——这也就是大多数加速器都面朝地面的原因，为的是确保如果操作失误的话，一束杀伤性的光束不会射向城市。

所以你可以马上知道，如果你把手伸到光束里的话，会有哪几个问题，但是我们假设你忽视了安全警告，还是把手伸进去了。第一个问题是什么？你的耳朵。

光束的出口是由碳化纤维构成的，它指导着光束的方向。如果光束乱射的话，它会打击到碳化纤维，而对你来说，它发出的声音大到相当于你站在音乐会音响的正前方。然后，当科学家完成了实验时，光束的能量会被倾倒在一个石墨块上，作为收集质子的材料。这个过程听上去就像 200 磅的 TNT 炸药的爆炸——声音大到可以把你的耳膜震掉。

换言之，你需要戴上耳塞。但是其实震掉的耳膜并不是你最需要考虑的问题。更严重的问题在于光束的能量。

质子会穿过你的手，好像你的手不存在一样。光束很小，差不多只有铅笔头那么大，而以如此快的速度行进，它可以穿过你的手，但你不会感到疼痛。它可能会避开你的骨头，让你的手还能用，但是你得让手保持不动的状态。

苏联的 U-70 加速器不仅没有 LHC 强大，而且只能发出一束光束，所以布戈尔斯基只有头部出现了一个洞。LHC 则像一个质子机关枪一样——2 秒内它就可以发射出近 3000 束光束。如果你在第一次冲击以后把手缩回去，光束会把你的手切成两半。

所以不要那么做。

随着光束穿越你的静止不动的手，另一个令人担心的过程会发生。粒子以如此之快的速度行进时，会伴随着强烈的辐射。即使你离光束很远，你也会受到相当于一次完全的胸部 X 光照射的影响。

但是，当光束射到你时，你究竟会受到多少辐射的影响，其实很难判断。光束本身带有巨大的辐射，足以很快杀死你，但是大多数辐射会忽视你，因为尽管你认为你的手是固体，但是从原子层面看，手上其实有很多空间。

如果你手上的一个原子被放大到一个足球场那么大的空间，那么原子核就相当于 50 码线上的一块石头。而因为会像子弹般射向你的辐射也很小，所以大多数的辐射会跟你擦肩而过，不会立即杀死你。不幸的是，虽然大多数的辐射会错过你，但是射到你的那些辐射还是足以让你缓慢且痛苦地死去。

最后，虽然布戈尔斯基的那台粒子加速器的能量还不到 LHC 的百分之一，他还是差点儿死于辐射，所以我们可以确定的是，来自 LHC 的光束一定会杀死你。当光束射向你的手时，创造出的粒子会发出辐射，以至少 10 希沃特的辐射量毒害你的全身，你的经历将与 1999 年日本东海村的核事故里的那三名工人的经历相类似。

当时，大内久和筱原理人正在制造一批核燃料，因为算错了量，他们制造出来的混合物变得致命了起来。就算是在致命的核暴露里，受害者也并不总是会马上感到难受，症状可能在几小时以后才会出现。但是在极端情况下，也就是在你与大内久和筱原理人遇到的情况里，症状的出现不会延迟。

在光束穿过你的手以后，你的视线会开始变蓝，这是辐射以快过光速的速度穿过你眼球的液体时会出现的结果。光在水中的速度，比在真空里要慢 30%，它会产生一种电磁冲击波，叫作切伦科夫辐射，这种辐射是蓝色的。大内久和筱原理人都说房间变蓝了，虽然在安全摄像头里，房间的颜色没有发生任何变化。

除了色彩上的改变以外，你会觉得房间变热了，但是其实真实的温度并没有随着光束射向你而改变。

你还会几乎立即感觉到恶心，因为辐射攻击了你的胃部。你的皮肤会严重烧伤，你会觉得呼吸困难，还会失去意识。

你的白细胞数量会下降到接近零，这阻止了你的免疫系统继续运作，而辐射对你的内脏器官造成的伤害会慢慢地出现。医生能够治疗你的症状，但是没有办法治愈你受到辐射的器官。你会在 4 到 8 周内死亡，具体的时间取决于你受到的辐射量，以及损伤的程度。

然而，你手上的那个洞会非常小，它会在一段时间内愈合，只留下一个很小的伤疤。

你拿着这本书，
而书突然变成了一个黑洞

··➤

　　当大型强子对撞机（LHC）刚刚被建造成的时候，曾有小型社会团体出言警告，他们担心碰撞的原子会创造出一个小型黑洞，吞噬掉地球。幸运的是，这种情况并没有发生。事实上，我们的能力不足以创造出一个黑洞来。不过这是好事，因为甚至连小型的黑洞都不应该被创造出来。如果本书突然变成一个黑洞，以下事情会发生——都是很糟糕的事情。

　　任何东西，只要被挤压得够小，都可以变成一个黑洞。但是大多数东西都不会，因为没有什么可以把它们挤压到那么小。我们所知道的可以把一个物体挤压得小到能够创造出黑洞的，只有一颗巨型恒星自己的重力。

　　每个物体都有自己的重力场，但是得有一颗确实巨大的恒星——至少 20 倍于我们的太阳的恒星——才有足够强的重力，能把一个物体挤压到创造出一个黑洞的程度[1]。

大爆炸时，可能就创造出了如此之大的挤压力，把比巨型恒星小的物体——比如说像本书一样大的物体——挤压成了黑洞。

这是一种委婉的说法，也就是说，虽然在你阅读完本书时，它不太可能变成一个黑洞，但是也不是说绝对不可能。

如果它确实变成了黑洞的话，你会想要闪避开。

假设本书具有 1 磅的质量。变成黑洞时，它仍然有同样的质量，只不过它会变得非常、非常小。比质子要小 1 万亿倍——而质子本身就是一个原子的一小部分。

斯蒂芬·霍金估算出了，黑洞并不是全黑的。它们其实散发出霍金辐射，一直到它们死去。如果是大型黑洞的话，这需要很长时间（银河系中心的黑洞，需要花 10 的 100 次方的年份，才能蒸发掉），但是这本小小的书变成的黑洞，会在创造出来之后的一瞬间消失。

它的消失并不是寂静无声的。在那一瞬间，本书会爆炸，而爆炸的威力相当于广岛原子弹的 500 倍。它会发出明亮的光，以包括了 X 射线和伽马射线在内的全波段光谱摧毁掉整个区域，而空气会电离、变热和发光。强大的冲击波足以摧毁数英里内的建筑群。

你和你的周身区域会被彻底摧毁，但是幸运的是，本书内所包含的信息不会。

根据斯蒂芬·霍金及其他人最新发布的理论，黑洞里的信息并不会被完全摧毁，只不过它会变成一种我们无法解读的语言。

　　不幸的是，物理学家可能需要数千年才能解读黑洞释放出来的信息，而到那时，英语和所有其他通用语言大概都早已消失了。

　　所以，尽管本书不太可能被转化为一个黑洞，因此不可能将你炸飞，辐射你的身体，将其蒸发，令其变质并电离，但是这种不可能也不是绝对的。所以，我们觉得有必要以这种我们确定他们能够理解的唯一方式向未来的物理学家说明一下情况，他们将在古老的遗迹中筛选信息。

　　对未来生物，我们想说的是：☺。

~~~~~~

　　【1】奇点有多小，它看上去是怎样的？因为黑洞的性质是没有光能够逃离出来，所以物理学家没法确定关于黑洞内部的任何理论，因此我们不知道。

你把一块磁性极强的
磁铁放在你的额头上

················>

　　拿起一块厨房里用的磁铁，把它放到你的额头上。会发生什么？什么都不会发生，对吧？连刺痛感都没有。

　　那是因为你不受厨房磁铁的拉力的影响，而事实上，地球上最强大的磁铁的拉力对你都不存在影响。研究者创造出来的最强大的磁铁，有45特斯拉[1]的磁感应强度——一块厨房磁铁只有0.001特斯拉——尽管它足以让你轻轻浮起（这个我们待会儿再谈），却无法造成任何伤害。

　　但是如果你想在别处寻找一块磁铁会如何？银河系里最强大的磁铁，是一种罕见的中子星，叫作磁星，具有使原子变形的1000亿特斯拉的磁力。

　　中子星是那些变成了超新星，但是还没有大到可以创造出黑洞的恒星，所以它们没有被自己的重力挤压成超密的巨大核心。一颗磁星最初的极快自转给它带来了非常强大的磁场。

　　磁星的磁力如此巨大，以至于如果月亮被一颗磁星取代的话，地球上所有的信用卡都会消磁。这种强大的磁性也令它成了银河系里最具杀伤性的星体之一。如果我们是在 40 年前写作本书，我们不会知道磁星的存在，因此也就没法知道你可以死于银河系里的磁性。1979 年，一颗磁星发生了星震，它撞击我们的伽马射线的能量，比我们的卫星之前能测量到的多 100 倍，我们这才知道它们的存在。

　　2004 年，我们再一次受到了更强的冲击。一颗 50000 光年外的磁星释放出了我们的太阳在 250000 年里释放出的能量。爆发出的伽马射线摧毁了卫星，并影响到了地球的磁场。如果你不幸身处于距一颗磁星 1 光年以内的位置，当它发生星震时，你会因照射了太多的 X 射线而死。

　　如果磁星没有发生星震的话，你或许可以再靠近它一些，但是一旦你逼近到 600 英里以内的距离，极端强大的磁性就会成为一个问题。

　　你可能不觉得自己身上有磁性，但是其实你是有的——只不过少得可怜。水——构成我们身体 80% 的物质——是一种反磁性物质，这意味着它会被一块磁铁的南极和北极排斥。一块足够强大的磁铁，可以以足够多的力排斥你，直到你飘浮起来。

　　科学家曾经让青蛙在十几特斯拉的磁场里悬浮起来——比核磁共振设备的磁性强 5 倍（青蛙在实验里没有受伤）。如果科学家能制造出一个大到让你能够钻进去的十几特斯拉的磁场的话，他们就可以让你悬浮起来[2]。

不幸的是，你没法不受伤害地浮在一颗磁星之上，因为当你身处比核磁共振设备强 1000 亿倍的磁场中时，你身体的多个功能会受到影响。

平时，你的原子看上去就像沙滩上的球，你的电子绕着你的原子核转。这是好事，本来就应该这样。但是你的电子是有磁性的。所以一旦你身处一个距磁星 600 英里的位置，磁力会强大到拉拽你的电子，使它们的运行轨道变成椭圆形。所以你的原子看上去就不再像沙滩上的球了，而是像雪茄。这就糟了。

没有了球形的原子，你的蛋白质会分解，而你的原子的连接会分开，你立即分解成数亿个独立的原子。比如说，你不再有 H_2O 了，现在你只有 2 个 H 和一个 O。

这绝对是致命的。

如果有人从一艘路过的太空飞船里看到磁性分解你的粒子的话，你看上去就像一团闪闪发光的人形气体，但是这并不是你的终极形态。

你的不同的原子对磁力的反应不同，所以你的一部分被拉向磁星的速度快过其他部分，这会把你的"身体"拉长。然后磁星的重力会开始拉扯你。

磁星都很小——差不多只有曼哈顿那么大——但是非常密实，这给了它们巨大的重力场，会把你拉扯过去，以克服磁星的磁排斥。你会以被拉长的形态，加速驶向磁星。

如果附近有观察者的话，你最后的残骸看上去就像是一个烟囱里冒出来的长长的烟，加速驶向磁星，直到完全陷入其中。在那里你的原子会变质成为中子，你被挤压到只有一个红细胞那么大。

【1】磁感应强度或磁通量密度的国际单位制（SI unit）导出单位，等于每平方米1韦伯。是以尼古拉·特斯拉（Tesla）的姓氏命名的。

【2】我们保证这种做法是绝对安全的，并且自愿第一个去尝试。

你被一头
鲸鱼吞下去

　　《旧约圣经》里讲述了约拿的故事，他是一名叛逆的先知，他被一头鲸鱼吞了下去，在鲸鱼肚子里过了 3 天以后又被喷到了沙滩上，一些见证人看到了健康、完整的他，感到难以置信。被这一奇迹震惊的见证人，带领着堕落的城市尼尼微（古代亚述的首都）里的所有人，在这样的奇迹面前忏悔他们的罪过。

　　约拿可能得到了外界的帮助，因为根据海洋生物学家的说法，进到一头鲸鱼的肚子里是种危险的行为。最佳方式是寻找一头抹香鲸，然后进到它的胃里。大多数鲸鱼以类似浮游生物的微生物为食，而它们的喉咙只有 4 到 5 英寸宽。如果你正好在一头蓝鲸的嘴里，你会发现你的躯体太大了，没法被它吞下去，而你的这趟旅程很可能会以被它那 6000 磅重的舌头压扁而结束。

　　但抹香鲸会食用更大体形的生物，比如巨大的鱿鱼，它可以将重达

400 磅的生物完整地吞下去。所以从理论上讲，它可以吞下你。但是即使你没被鲸鱼的牙齿咬碎，也没被它的舌头压扁，你仍会发现自己在鲸鱼的四个胃的第一个里，面对着其他一系列的麻烦。

鲸鱼有肠胃胀气的毛病。你在鲸鱼肚子里能找到的唯一气体是甲烷，而不是氧气。虽然甲烷没有毒性，但是它可以令你窒息。大多数未经训练的人类无法屏息超过 30 秒。缺乏氧气对你身体的大多数组织来说没问题，它们可以在没有氧气补充的情况下维持运作长达数小时，但是你的大脑不行。一旦你血液里剩余的氧气耗尽，脑细胞会立即开始死亡。除非有更强的力量的干涉，否则不可逆的脑损伤会在 4 分钟内开始，而再过几分钟是完全的脑死亡。

你也需要跟鲸鱼的胃部肌肉角力。因为抹香鲸不咀嚼它们的食物，它们依赖的是第一个胃里的肌肉来把食物压碎。所以在你被强大的胃酸腐蚀之前，胃里的肌肉会把你挤成相当于浓稠的花生酱那样的东西。

但是还是有好消息。

抹香鲸的粪便是世界上最昂贵的粪便，叫作龙涎香，在香水生产业是一种价格高昂的商品。1 磅龙涎香价值 6000 美元[1]。

所以在经过了窒息、压扁、腐蚀并且流经 1000 英尺的肠道然后被鲸鱼排泄出来以后，你的残骸很可能会被冲刷到某处的海滩上，一个幸运的晒太阳浴的人会捡起你蜡色、带着粪便味、覆盖着龙涎香的尸体，然后卖上一个好价钱。从这时起，情况将会好转起来。在香水生产商将你加工以后，不仅你的尸体闻上去味道好多了，你最终的安息处也不会是在地下的一个洞里，或者海底，你会被轻轻地喷在一名女士的脖子背后，作为改善她体味的香水。

　　考虑到这些可能发生的情况，也许你更愿意相信《圣经》里的天意。

【1】下次你到海滩上时，注意看看有没有硬的、臭的、奶酪黄色或者深棕色的"石头"，看上去就像一大块耳屎。这可能会让你暴富。

你在深海里的
一艘潜水艇旁边游泳

1960 年 1 月，两名海军潜水员驾驶着一艘特殊设计的潜水艇驶向海洋最深处——马里亚纳海沟，这是关岛附近海床的一个裂缝，大约 7 英里深。唐·沃尔什和雅克·皮卡德花了近 5 小时才到达最底部。他们刚用了 20 分钟时间来探查海底地形，潜水艇的窗户上就出现了一条裂缝，他们不得不紧急浮到了海面上[1]。在这次短暂的行程里，他们完成了一些科学实验，做了一些观察。然而，他们并没有从潜水艇里出去游个泳。

但是如果他们那样做了的话将会怎样？

任何在泳池底部游过泳的人，都可以告诉你水下几英尺处的压力有多大，尤其是耳朵感受到的压力。但是水下 7 英里处的压力，会增加 1000 倍。坐在泳池底部，你的身体处于水下 12 英尺处，相当于每平方英寸能感受到 5 磅的压力。在马里亚纳海沟的底部，这种压力变成了每平方英寸 15750 磅。令人惊讶的是，这种压倒性的力量并不会碾碎你的身体，或者至少不会把它完全碾碎。那是因为，除了几处例外部位之外，你的身体主要是由水组成的，而水是不可压缩的。不幸的是，你并不全是由水组成的——那么一些气体就会成为麻烦。

在你走出潜水艇的那一瞬间，你的耳膜和鼻腔都会破裂，而且你的喉咙会凹进去。这些都是坏消息，但是真正的麻烦在于你的胸部，它会塌陷进去，因为你的肺部会被挤得只有乒乓球那么大，里面灌满了水。你身体里的每一个气囊都会被压碎，直到你变成一个压得很紧的人形块状物 [2]。

考虑到你的体型，你可能再也不会出现在别人面前了。你的尸体不会浮到海面上去，因为你身体内的每一个气囊都被压碎了，而你的身体会慢慢腐烂，因为细菌在那么寒冷的气温下没法好好工作。你的肉很可能会被在海底生活的多种不同的生物吃掉，而你的骨头会被一种名字花哨的"鼻涕花"吃掉，这种花一般只吃鲸鱼的骨头，但是它们会很愿意换个口味，吃掉你的骨头。

【1】如果他们的窗户就那么一直破裂下去，会发生什么？海洋的力量会把水灌进他们的窗户里，形成一条激流，强大到把他们俩以及他们的潜水艇的另一侧撕裂。然后他们会被这股力量压碎。

【2】这也会相当冷。虽然在马里亚纳海沟的表面，穿着泳衣的你会觉得还挺舒服的。冷水比温水的密度要大，所以它会下沉。踏出潜水艇，你会面对 34 华氏度的水（这会在大约 45 分钟内杀死你），但是因为你的面部会被压扁，所以我们觉得你可能不必在乎温度了。

你站在
太阳表面

···>

    尽管人类的生命十分脆弱，但是那些组成我们身体的物质很顽强。无论你是跳进一座火山里，还是遭到一颗小行星的撞击，至少你的一些原子会存活下去。然而，如果你决心要毁掉你的所有部分，一直到原子层面，那么去太阳上走一遭吧。

    最快但不是最节省能源的去太阳的方式很简单：让你自己降落下去[1]。现在，地球正以每小时67000英里的速度绕着太阳转——而公转只不过是侧身朝着一个物体飞快降落而已。所以要到达太阳，你只需要停止你的水平速度。

    首先，你需要走出地球的重力场——大约100万英里的距离（是到月球的距离的4倍）就足够了——然后发射反推进火箭来让你对太阳的运转减速从每小时67000英里，一直减到0。

    之后你就开始加速了。到你到达太阳的时候，你的速度在每秒384

英里——或者说每小时 140 万英里，目前为止行进速度最快的人类——你会在 65 天内到达太阳。这场旅程的头 64 天会过得相当顺利。你会需要防 X 射线和热度的防护罩——我们推荐你使用碳化纤维制作的防护罩，也就是 NASA 即将发射出去的不载人的太阳探测器使用的那种。在防护罩的保护下，即使温度升至 2500 华氏度（距太阳表面 4 小时行程时的温度），你的太空飞船内部还是会维持室温。

不幸的是，在这趟行程的最后 4 小时里，温度会飙升，超过防护罩能承受的极限。

太阳的磁场会加热名叫"日冕"的外部大气，使其达到 200 万华氏度。

因为你仍然在真空中，所以一开始你只能感到 10000 华氏度的辐射热度——但是这足以让你的防护罩、太空飞船和你全部蒸发掉。

然后，你在太阳的日冕里度过了几小时，你的残余部分会慢慢地被烤到 200 万华氏度，你会变成物质的第四种状态——已电离的等离子体。在这种情况下，太阳的磁场会抓住你，把你拉伸成细长的意大利面形状的线条，然后把它挤压成明亮的光——太空里的所有对准太阳的望远镜都可以看到这一美丽场景。

你也可以回家。一旦你被压碎，太阳的磁场会把你抛掷进太空，速度飞快，在一两天内，你就能完成从太阳到地球的这 1 亿英里的行程。

到目前为止，我们所描述的情况都是可实行的。如果 NASA 愿意帮助你去太阳的话，你可以变成一团高度电离的等离子体。但是让我们忽略现实因素的影响，改善你的防护物，让你可以穿越日冕，到达太阳的表面[2]。

一旦你穿越了日冕，到了可见的表面，随着你离开日冕的真空，进到太阳的大气里，温度其实会下降到相对温和的 10000 华氏度。

假设你的防护罩仍然坚固，你首先会注意到的可能是声音。太空里，没人能听到你的尖叫，也没人能听到太阳那震耳欲聋的咆哮。如果声音可以在太空里完美传播，那么太阳听上去就像地球上发动机轰隆作响的摩托车。但是在太阳表面，当太阳的气泡冒出来的时候，声音可谓震耳欲聋——比站在音乐会音响前面要吵 100 倍。这种能量创造出来的冲击波，足以摧毁你肺部的肺泡。

但是我们假设你有备而来，有防护罩的保护，而且你走到了这颗恒星的中心位置。

我们的太阳和木星最大的区别，并不是它们各自的成分，而是构成它们的主要成分——氦和氢的百分比。太阳比木星要大 1000 倍，这意味着其中心的温度和压力是如此巨大，以至于开始发生核反应。

靠近核反应是非常危险的，在你的这种情况里，危险的则是参与进去。

太阳内部的温度可达 2700 万华氏度，压力是地球表面压力的 2500 亿倍。这对构成你身体大多数部分的氢来说，是个坏消息。在这种温度下，氢原子移动的速度过快，它们会彼此撞击，最终融合在一起，形成重氢和超重氢。然后这些同位素会碰撞在一起，形成氦核。最终的结果是：你会变成一颗速度缓慢的氢弹。

　　然而，需要注意的是，虽然太阳可以产生热，但是在这方面，你其实可以比它做得更好。你坐在沙发上，将食物转化为能量的时候，你产生的热量的重量比相同体积下的太阳多。太阳之所以那么热，是因为它的体积巨大。如果你的体积跟太阳一样大，那么你产生的化学能量会令你成为银河系里最热的行星。

　　所以如果你确实行进到了太阳内部，在你受到辐射、变成蒸汽之前的非常短暂的时间里，你会让太阳变得更热一点。

　　【1】这不是很节能，但是仍然很环保，因为你把化石燃料从地球上完全清除了。所以你的太空飞船比任何混合动力飞行器都更环保。

　　【2】太阳没有表面，像木星一样，它完全由气体构成，但是它有一层电离气体，太厚了，以至于视线无法透过去——所以我们把它称为太阳的表面。

你像头饼干怪那样
吃下去很多饼干

················>

当胃里没有食物的时候，它差不多跟你的拳头一样大，在宴会时，它能容纳的食物非常有限。幸运的是，胃壁是可扩张的，所以把饼干当作点心吃，你可以吃下去1块、2块、3块、4块……

但是胃不可能永远这么扩张下去，而消化食物所用的肌肉足够强大，可以让你的胃塞下比它能消化的量更多的饼干。

这就导致了一个问题。

吃饼干的专家，当然是饼干怪了。从记录看，他出现在了4378集卡通片《芝麻街》里，而一份不够科学的调查显示，他平均每集吃大约3块饼干，总共吃下去了13134块饼干。尽管数量很多，但是当你考虑到这部卡通片播放了45年时，这个数量其实很安全。

可是如果你让饼干怪不考虑经济因素，放任自己一次吃下去这么多饼干的话会怎样？

关于吃下去了足够的食物的感觉，在医学上有个术语叫作"饱腹感"，这是个复杂的概念，不仅涉及了食物量，而且涉及了食物的种类。不同的种类会引起不同的反应——蛋白质和纤维增加饱腹感，而糖类和脂肪的饱腹感不强。

你的胃部向你的大脑发出的信号也会有一点延迟——它需要花 15 至 20 分钟才能到达你的大脑，这意味着你吃得越快，在你意识到吃得太饱前，你给胃塞进去的饼干越多。

大多数人的饱腹感会在吃下大约 25 块饼干时出现——饼干怪一次能吃下去的量差不多也就是这么多。当然了，胃具有扩张性，所以 25 块并不是物理极限，而进食比赛的参赛选手，有一些扩张胃部的技巧。

首先，偏瘦的体型很有帮助。如何在吃下去 11 磅的饼干时保持苗条是个问题，但是其实只要吃下去的脂肪少一些，你的胃就会有更多的扩张空间。

其次，为了给吃下去的那么多饼干做准备，你可以做一些舒展运动。在头天晚上吃大量低卡路里的食物（比如葡萄），可以扩张你的胃部，帮助它为再次扩张做准备。

对饼干怪和你来说，吃到 60 块饼干时，情况就变得困难起来了。（需要明确的一点是，我们说的是一般大小的巧克力饼干，而不是那种巨型饼干。）

除非你有过多次吃下 60 块饼干的经历（因此抑制了你的咽反射），否则你的胃会觉得恶心，你会呕吐。但是这是好事：60 块饼干相当于差不多 4 升食物，这接近了你的胃的极限[1]。

我们能知道胃的物理极限是多大，这得感谢德国医生汉斯·阿尔戈特·凯阿韦尔格，他在 19 世纪晚期，以灌水的方式给一名吸食鸦片过量的病人洗胃。不幸的是，病人的鸦片成瘾抑制了正常的呕吐反应，而他的胃就像一个装水过量的气球一样，破裂了，他死在了手术台上。

这件事引起了凯阿韦尔格的好奇，他开始用尸体进行实验，想看看一个人类的扩张的胃的真实容量究竟有多大。他得到的结论是，正常的胃可以容纳 4 升食物，然后才会喷发。（想象两大瓶派对容量的可乐并排放在一起，如果你吃得或者喝得多于这些，你就接近我们称之为"胃喷发极限"的状态了。）

这个极限适用于我们绝大多数人，但是一些天赋异秉的人除外。少数人曾在公共场合打破了 4 升的极限。这取决于你所受的训练，或者你是否天生有一个灵活的胃，那么，吃下更多食物是可能的。乔伊·切斯特纳特，热狗比赛上届冠军，曾经在 10 分钟内吃下去了 74 个热狗。这几乎是 9.5 升的食物——或者说 130 块巧克力饼干。

但是我们假设你缺乏任何胃部的天赋。在你吃到 90 块或者说 6 升食物时，真正的麻烦就开始了。

胃部最脆弱的地方是胃小弯处。如果你把胃想象成一个四季豆（肾形豆）的形状的话，胃小弯就在四季豆往回弯的地方。这里就是你吃下去的饼干会开始损伤的地方。

　　这很糟糕，为什么？身体的内脏对饼干上的细菌的抵抗力很小。一旦饼干喷发出来，产气荚膜梭菌[2]，也被称为气性坏疽，就会开始在你的肠道内生长。它会摧毁活的组织，并产生气体，这些气体会在你的肠道内爆炸，并输送死去的腐烂物质。

　　你的免疫系统为了回应这种大规模的细菌入侵，会向感染的区域发送出大量的化学物质。这叫作感染性休克，它组成了身体针对大范围感染的防御机制。它的反应也可能会太过强烈，以至于杀死你。为什么？因为炎症、血栓和减少的血流量。脉搏会尝试输送更多的血液到关键器官里，体温经常会下降到危险的程度，而气性坏疽会出现。

　　这种感染发生在死亡的组织的保护性外壳里，白细胞和抗菌物无法到达那里。一旦身体飞速发展到这种状态，你很可能在接受了药物治疗的情况下都无法存活。1小时内你的心脏得不到足够的氧气来维持跳动，而你会得心脏病，之后很快是完全的脑死亡。

　　虽然如此，但是你其实可能在那之前就死了。你还记得吗？一个正常的胃在没有扩张时只有你的拳头那么大。在你塞进去6升饼干以后，胃会变成正常大小的20倍。这会影响到其他的身体功能。胃下方的把血液从内脏输送到心脏的血管会关闭。

　　然后还有呼吸问题。胃会向上挤压你的肺部。变成正常大小20倍的胃，会占据你的肺的空间，而你会被饼干噎死。

　　在噎死、胃喷发和内脏因缺氧死亡之间（别管感染性休克了），拯救你的医学手段会很紧急。最后一切可能取决于消化产生的气体。在吃下去 60 多块饼干以后，消化产生的气体可能会把你的胃产生的压力推到物理极限上。胃可能会突然爆炸，并把致命的巧克力饼干喷到你的内脏里。

换言之，你会因打嗝而死。

【1】患有暴食 - 呕吐型厌食症的人，在面对这种损伤时尤其脆弱，因为他们的身体习惯了过饱的胃，而他们的咽反射被抑制了。伦敦的一个时尚模特曾经一次吃下去了 19 磅的食物——相当于 80 块饼干——然后死于胃破裂。

【2】不要用谷歌搜索这个词条的图片。

致谢
Thank

....➤

多亏了很多富有创意、慷慨大方的人的大力帮助，我们才能完成本书的写作。在这有限空间内，要感谢所有的人是不可能的，但是我们没法不提那些值得被特别认可的人。

感谢我们的家人和他们的从逗号到书名等所有一切的建议；感谢我们的朋友和他们对那些又傻气又严肃的问题的热心回答；感谢我们的生命中的那些了不起的老师，无论是学校里的，还是那些在书桌旁、客厅里、篝火边或网上跟我们讨论问题的老师。

感谢凯文·普劳特纳画出本书里的图标，感谢味好美公司的阿丽娅·哈比布等人给我们机会考察，感谢我们的编辑梅格·莱德尔，以及企鹅出版公司的整个团队在我们需要时给予的协助。

著作权合同登记号：图字 18-2019-190

图书在版编目（CIP）数据

假如你跳进一个黑洞里 /（美）科迪·卡西迪，（美）保罗·多赫蒂著；王思明译 . — 长沙：湖南科学技术出版社，2020.1（2023.6 重印）
ISBN 978-7-5710-0446-0

Ⅰ.①假… Ⅱ.①科… ②保… ③王… Ⅲ.①物理学—普及读物 ②生物学—普及读物 Ⅳ.① O4-49 ② Q-49

中国版本图书馆 CIP 数据核字（2019）第 279456 号

上架建议：畅销·科普

JIARU NI TIAOJIN YIGE HEIDONG LI
假如你跳进一个黑洞里

作　　者：［美］科迪·卡西迪　保罗·多赫蒂
译　　者：王思明
出 版 人：张旭东
责任编辑：林澧波
监　　制：邢越超
策划编辑：李齐章　蔡文婷
特约编辑：王　屿
版权支持：辛　艳
营销支持：傅婷婷　文刀刀　周　茜
版式设计：利　锐
封面设计：主语设计
内文排版：百朗文化
出　　版：湖南科学技术出版社
　　　　　（湖南省长沙市湘雅路 276 号　邮编：410008）
网　　址：www.hnstp.com
印　　刷：北京天宇万达印刷有限公司
经　　销：新华书店
开　　本：875mm × 1270mm　1/32
字　　数：146 千字
印　　张：7
版　　次：2020 年 1 月第 1 版
印　　次：2023 年 6 月第 3 次印刷
书　　号：ISBN 978-7-5710-0446-0
定　　价：46.00 元

若有质量问题，请致电质量监督电话：010-59096394
团购电话：010-59320018